建筑制图思考题汇编

黄雪云　尧　燕　黄顺娇　编
姜正华　审

重庆大学出版社

图书在版编目(CIP)数据

建筑制图思考题汇编/黄雪云主编.—重庆:重庆大学出版社,2010.8
(高职高专建筑工程专业系列教材)
ISBN 978-7-5624-5528-8

Ⅰ.①建… Ⅱ.①黄… Ⅲ.①建筑制图—高等学校:技术学校—习题 Ⅳ.①TU204-44

中国版本图书馆 CIP 数据核字(2010)第 130535 号

建筑制图思考题汇编
黄雪云 尧 燕 黄顺娇 编
姜正华 审
策划编辑:彭 宁
责任编辑:李定群 姚 胜 版式设计:彭 宁
责任校对:任卓惠 责任印制:赵 晟
*
重庆大学出版社出版发行
出版人:邓晓益
社址:重庆市沙坪坝正街 174 号重庆大学(A 区)内
邮编:400030
电话:(023) 65102378 65105781
传真:(023) 65103686 65105565
网址:http://www.cqup.com.cn
邮箱:fxk@cqup.com.cn (营销中心)
全国新华书店经销
自贡新华印刷厂印刷
*
开本:787×1092 1/16 印张:14 字数:179 千
2010 年 8 月第 1 版 2010 年 8 月第 1 次印刷
印数:1—3 000
ISBN 978-7-5624-5528-8 定价:25.00 元

前　言

本书是作为高等教育教材《建筑制图》的配套用书，是为满足课堂、课后练习的要求，根据高职学生的特点和能力，充分吸取高职、高专和成人高等学校在探索技术应用型专门人才方面取得的成功经验和教学成果而编写的。它涵盖了制图理论知识及建筑制图应用等各类练习，突出理论概念，加强薄弱环节的反复训练。本书以画图练习为突破口，以画促看，在画看结合中锻炼并提高学生的能力。

书中许多题型是由多位多年从事高职院校建筑制图教学、具有丰富教学经验的教师提供，充分体现了高等职业教育技术应用与能力本位的特色。习题难易结合，种类齐全，可供高等职业院校各工科专业学生使用，也可作为各层次院校建筑制图课程的教学参考书。

全书共分八章，第一、二、三、四、五章由黄雪云编写，第六、七、八章由黄雪云、尧燕、黄顺娇编写，江方记、陈绚、周丽红、周先文等协助完成了部分图形绘制工作。长春理工大学姜正华教授任主审。本书编写得到了管巧娟、熊绮华、潘淑德等老师的指导与帮助，在此表示衷心感谢。

由于编者水平有限，书中难免有缺点和错误，恳请读者批评指正。

编　者

2010 年 3 月

目　录

第一章　正投影法基础

1-1　对照立体图，在三视图上填写上、下、左、右、前、后等方位。

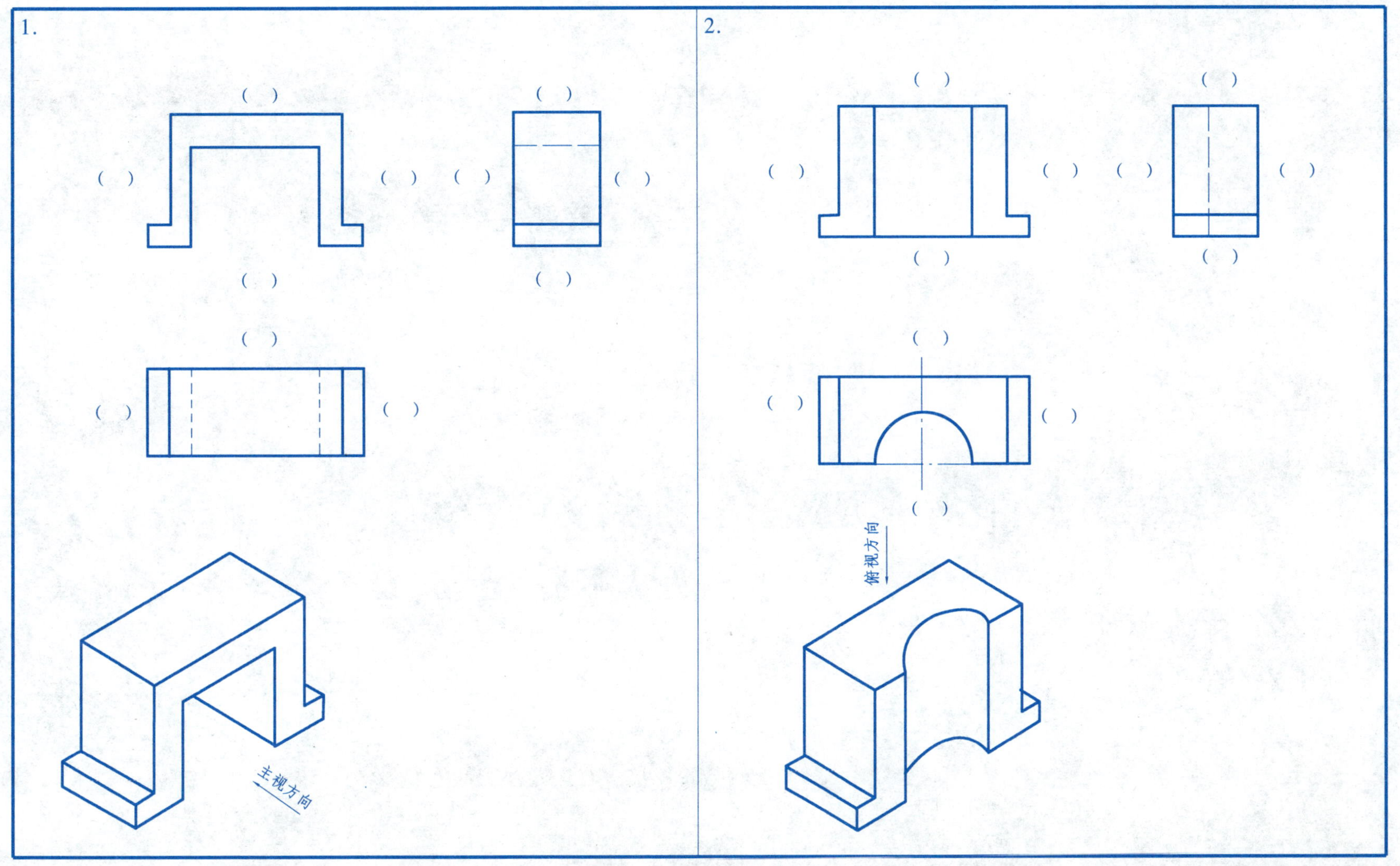

班级　　　　姓名　　　　学号

1-2 **根据单面投影图,填写尺寸度量方向。**

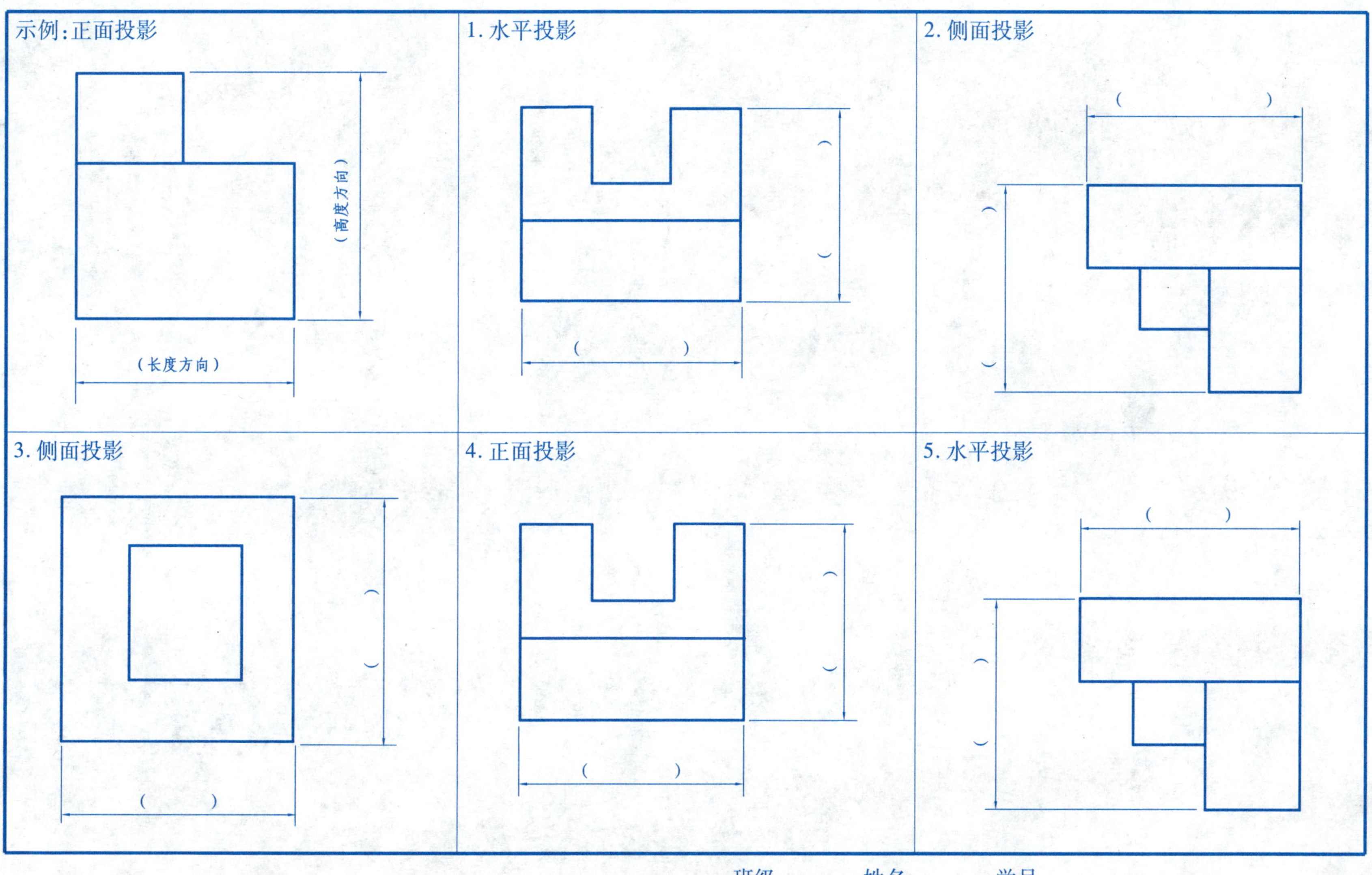

班级　　　　姓名　　　　学号

1-3 **根据三面投影,填写尺寸度量方向。**

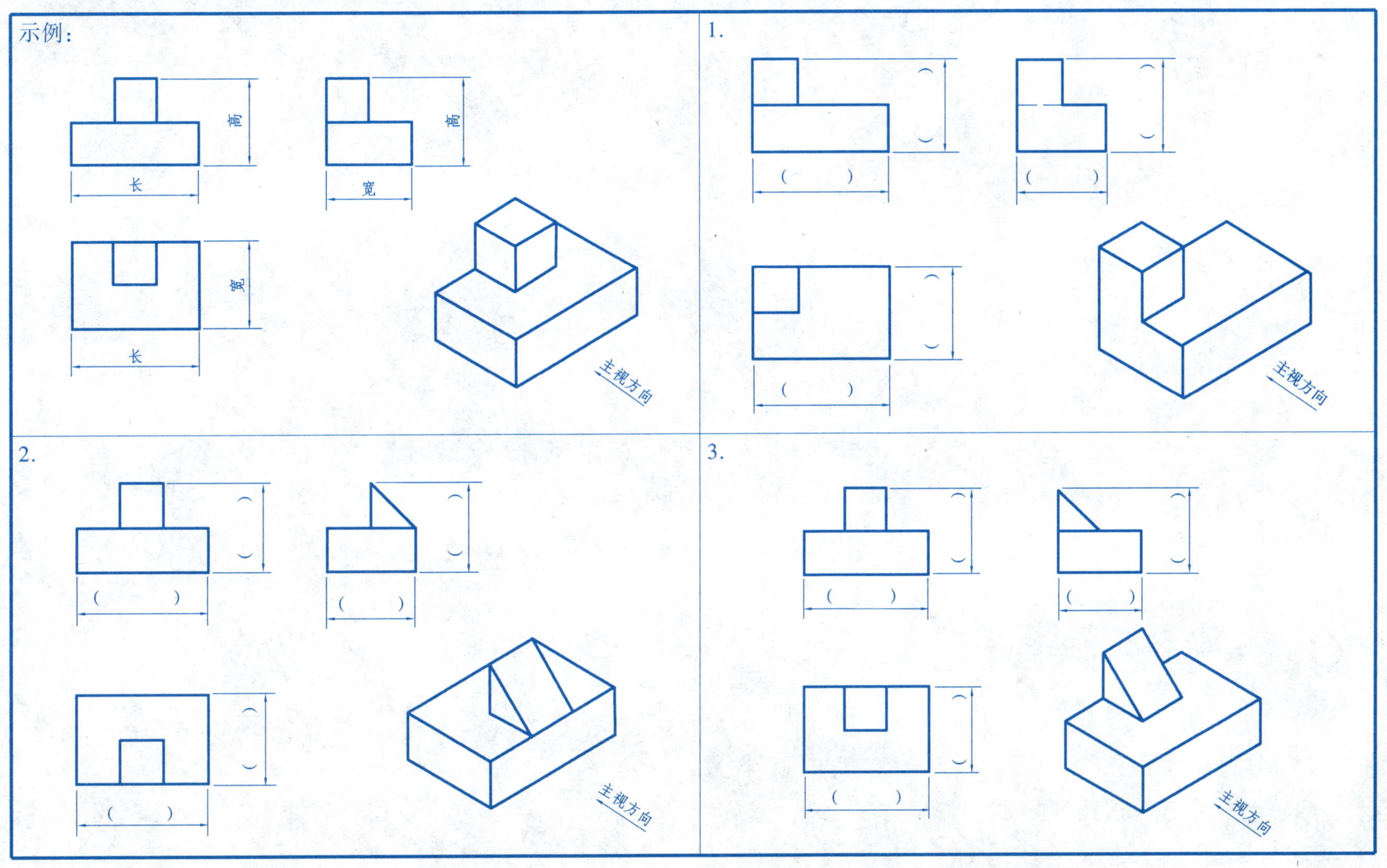

班级　　　　姓名　　　　学号

1-4　**根据立体图画三视图，尺寸自定。**

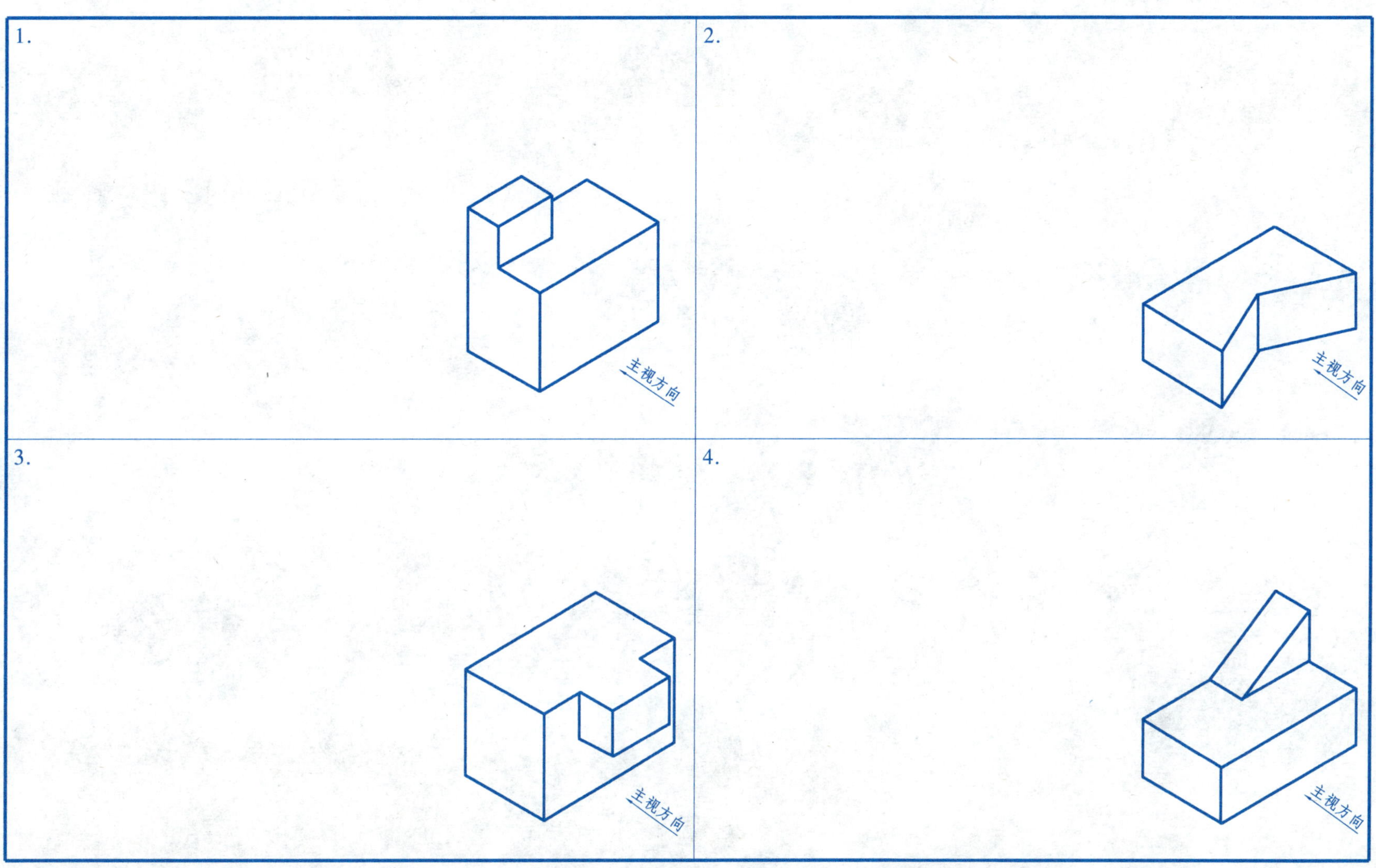

班级　　　　姓名　　　　学号

1-4　根据立体图画三视图，尺寸自定。

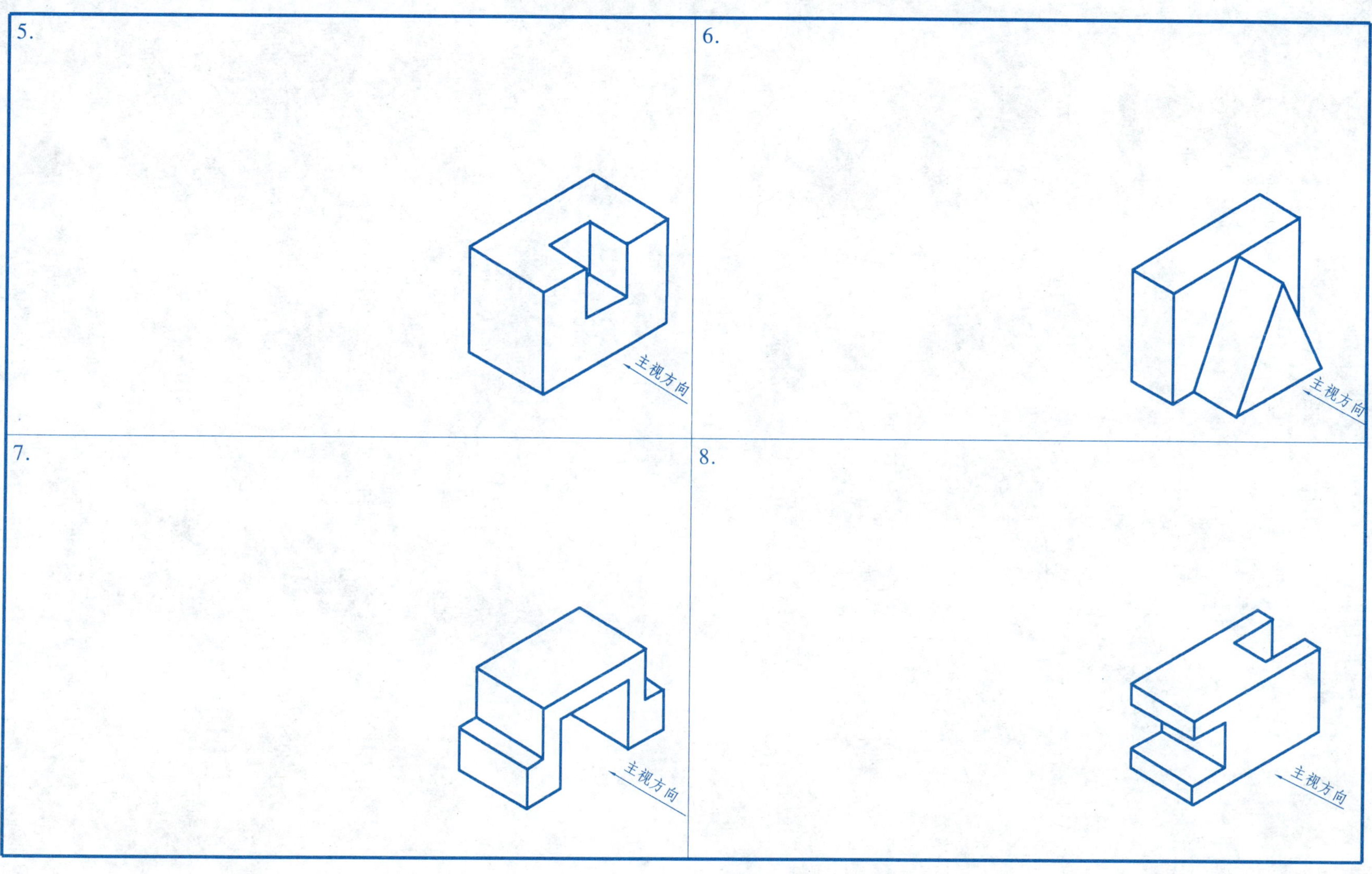

班级　　　　姓名　　　　学号

1-4　**根据立体图画三视图，尺寸自定。**

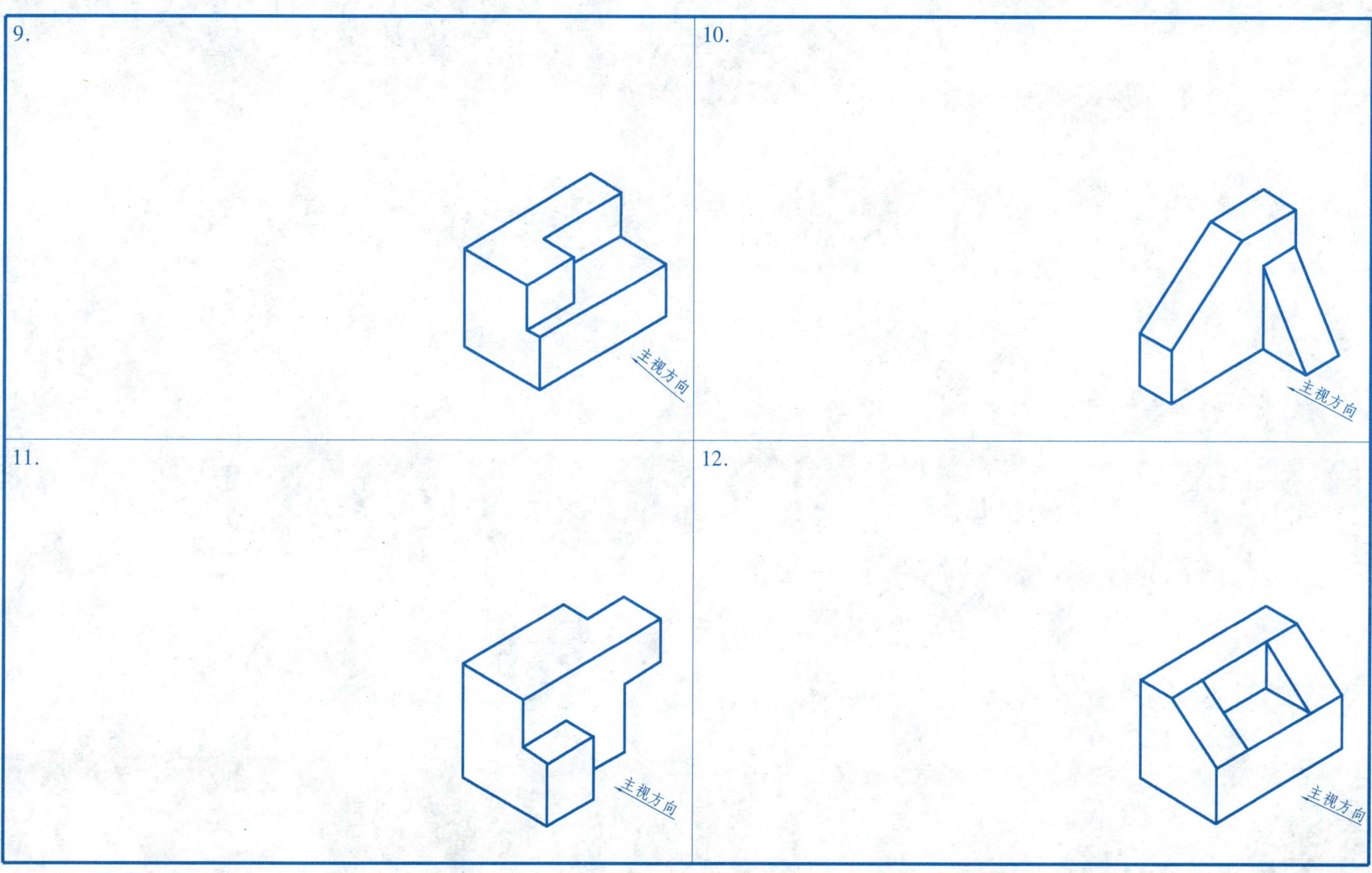

班级　　　　姓名　　　　学号

1-4　根据立体图画三视图，尺寸自定。

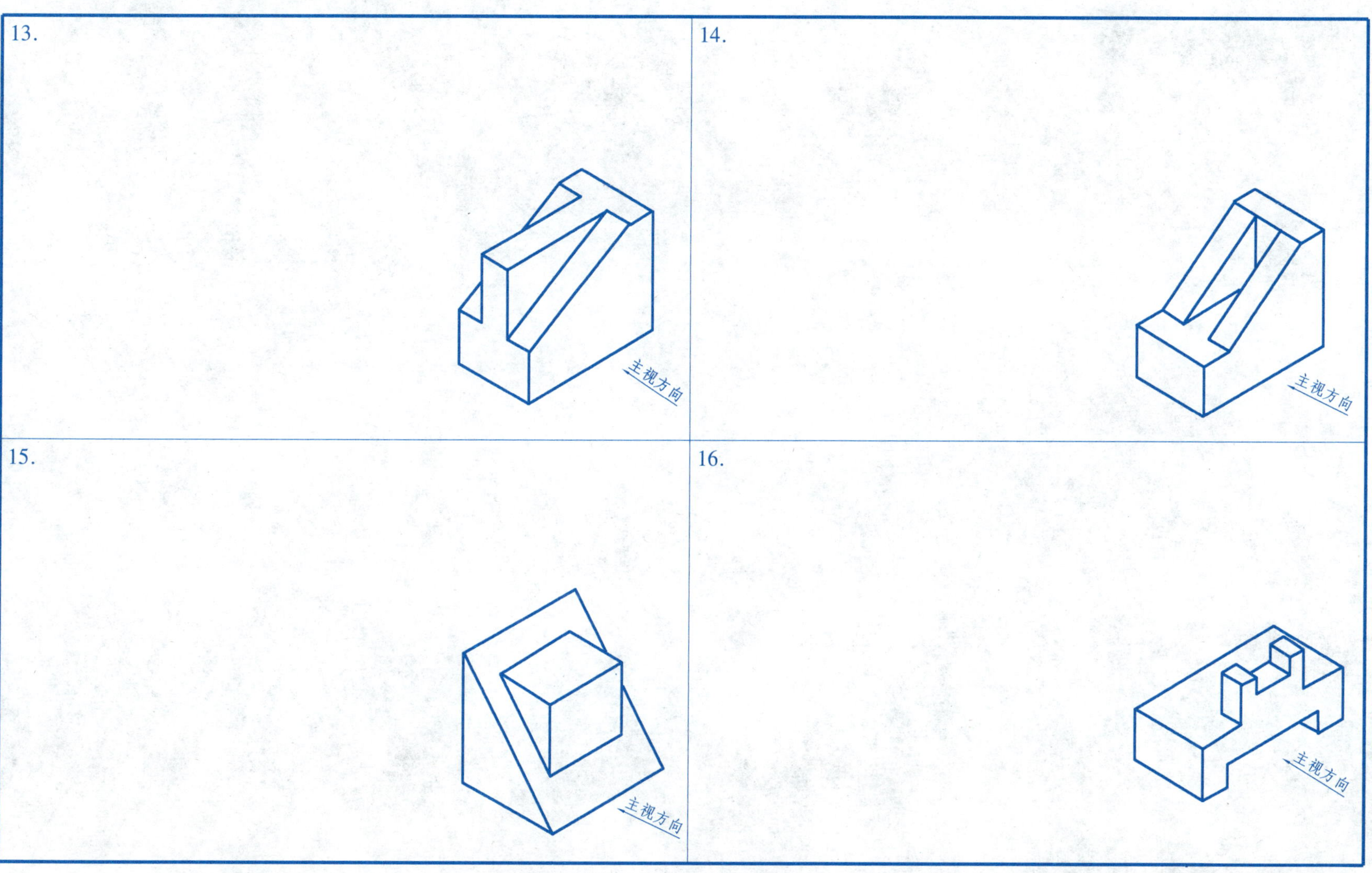

班级　　　　姓名　　　　学号

1-4　**根据立体图画三视图，尺寸自定。**

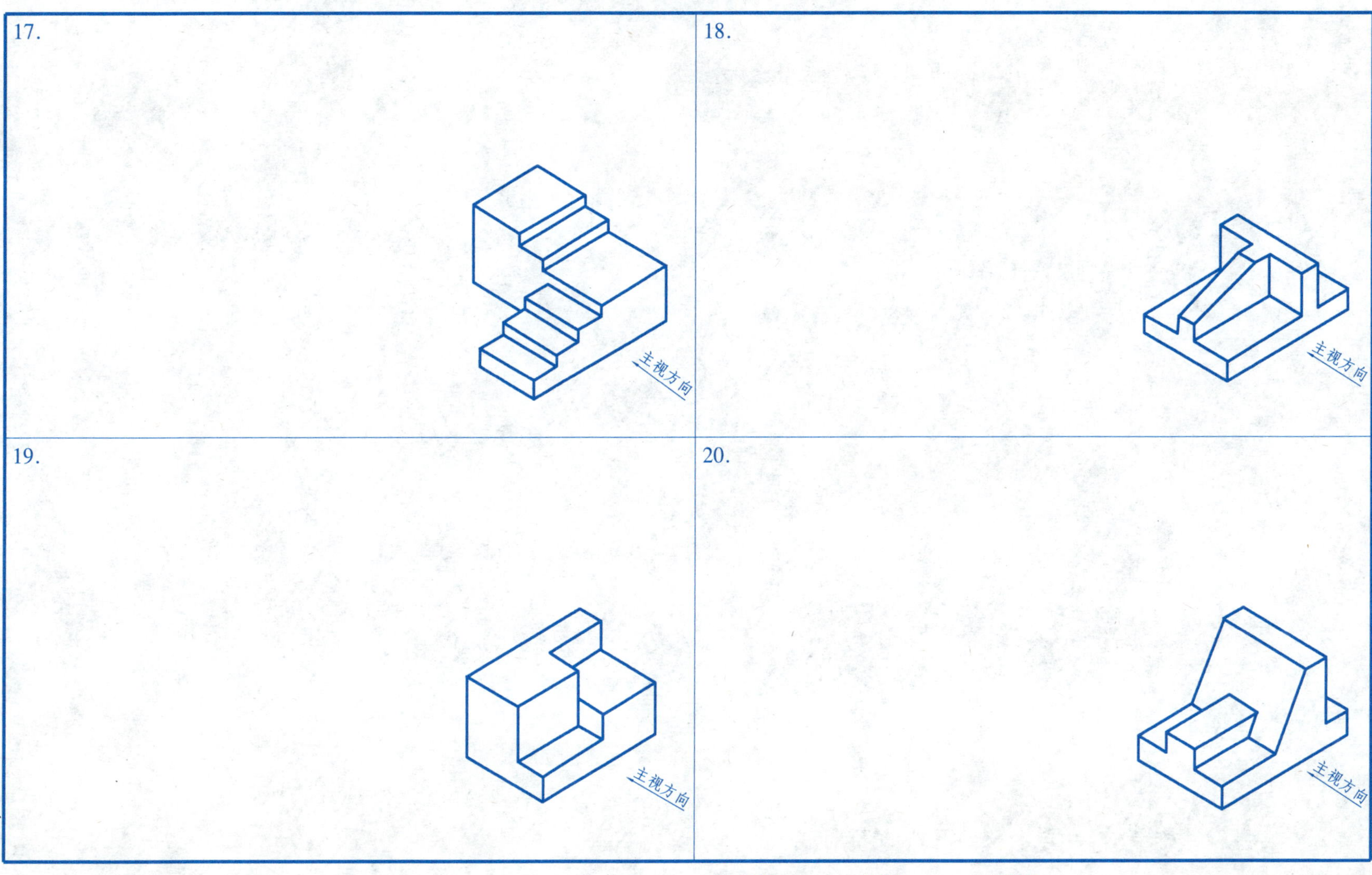

班级　　　　姓名　　　　学号

1-4 **根据立体图画组合体的三视图。**

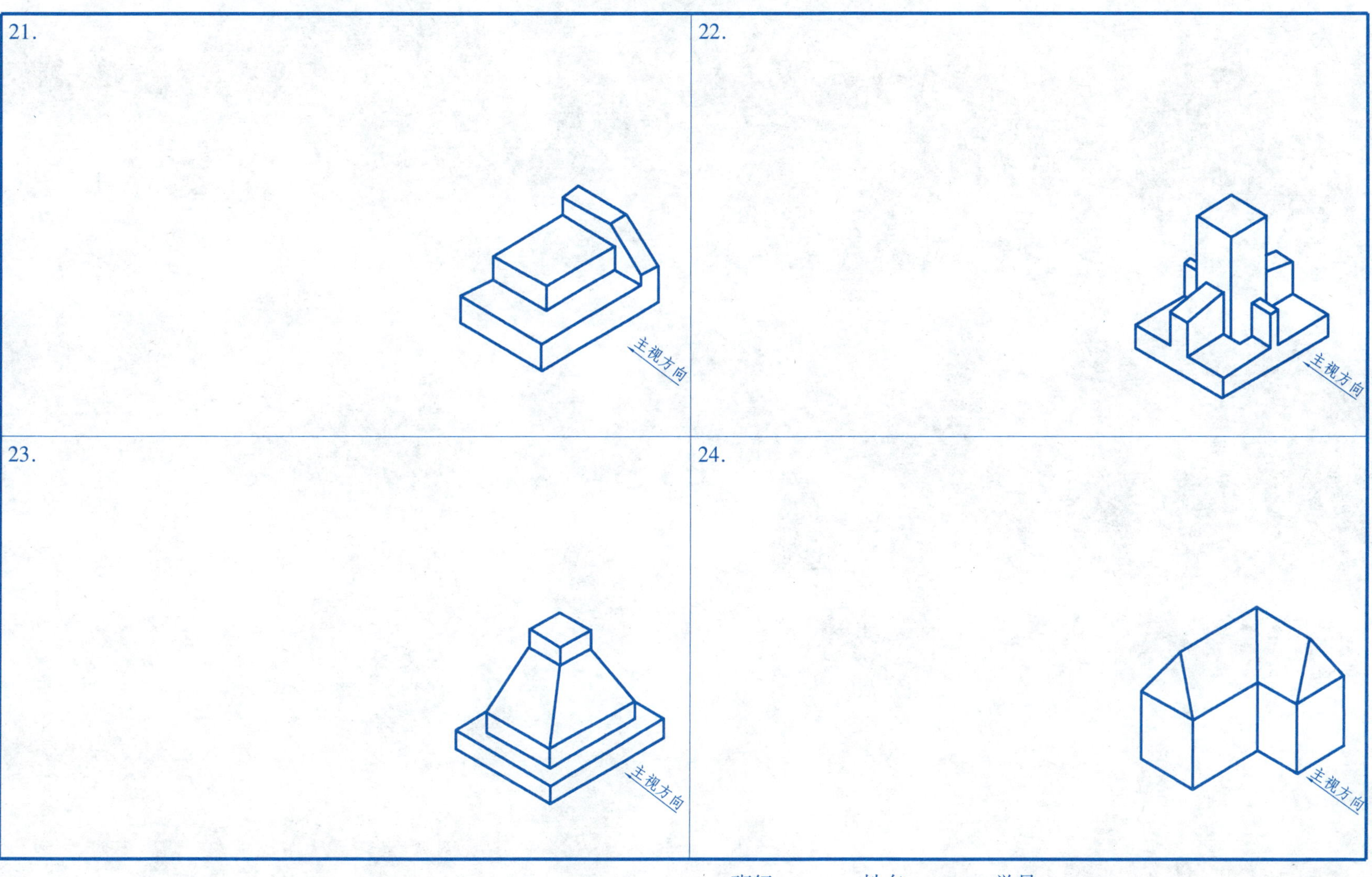

班级 姓名 学号

1-5　**根据两视图，参考立体图，画出所缺的第三视图。**

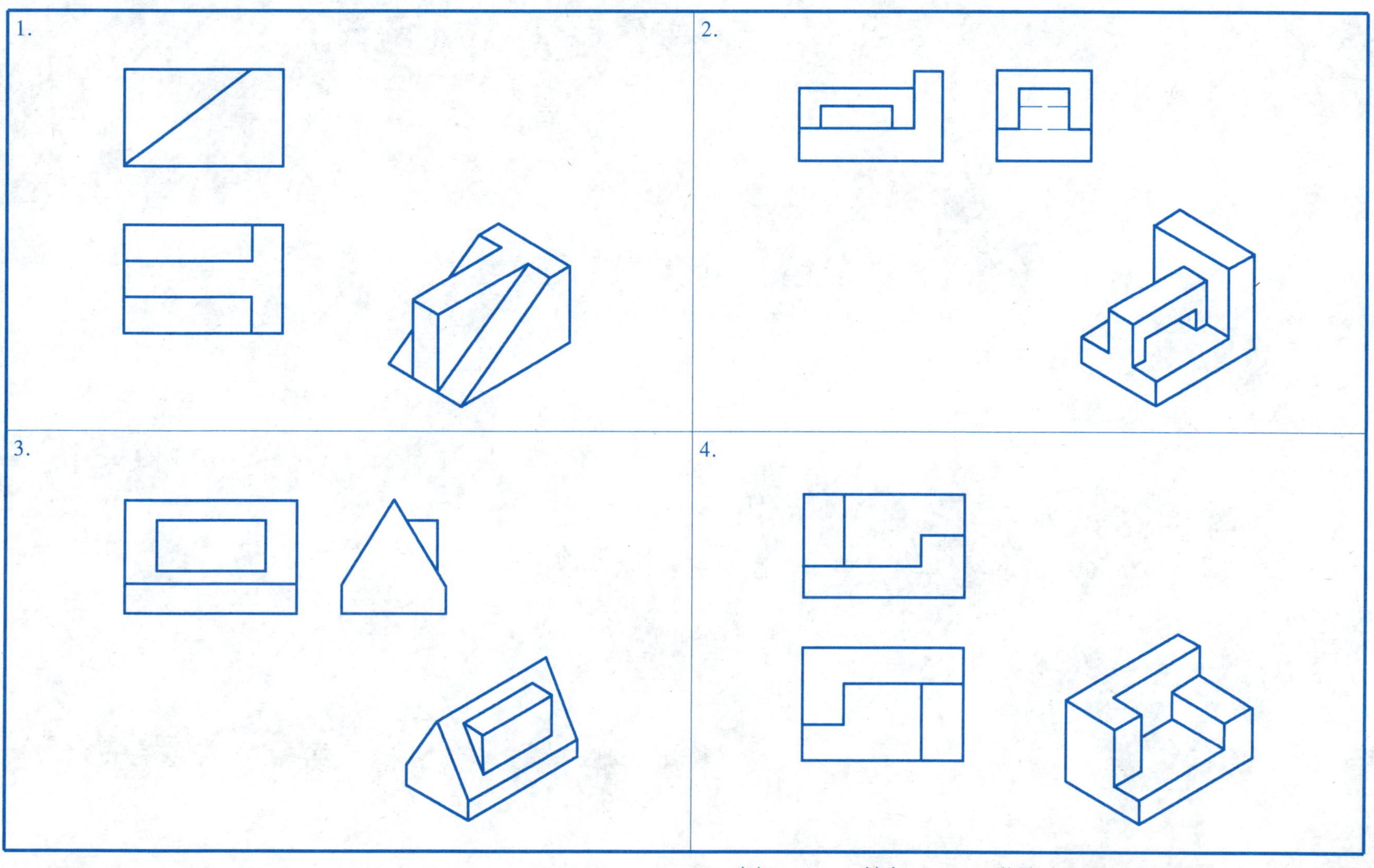

班级　　　　姓名　　　　学号

1-5 根据两视图，参考立体图，画出所缺的第三视图。

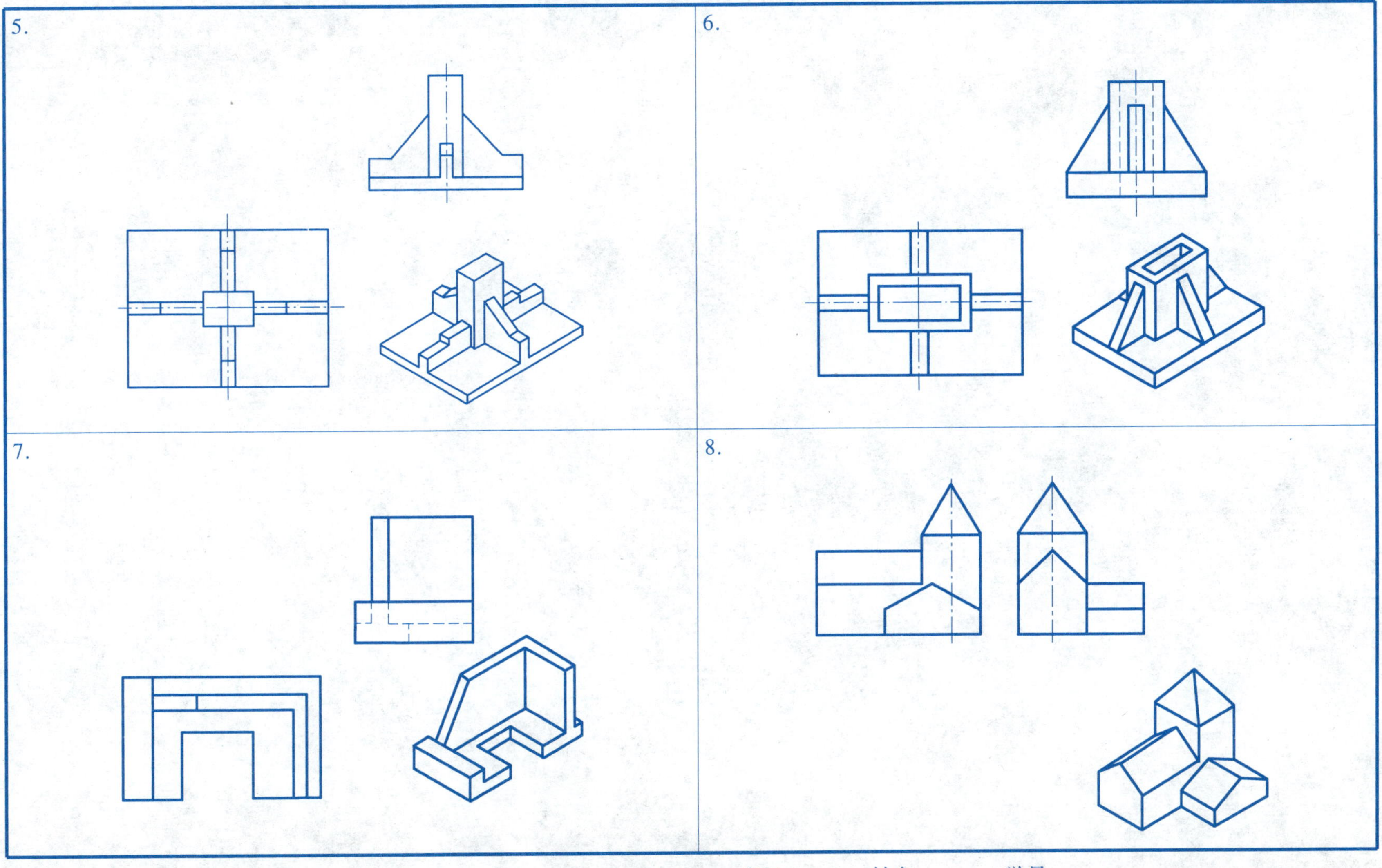

班级　　姓名　　学号

1-6　画出平面立体所缺的第三个视图及其表面点、线的另两个投影。

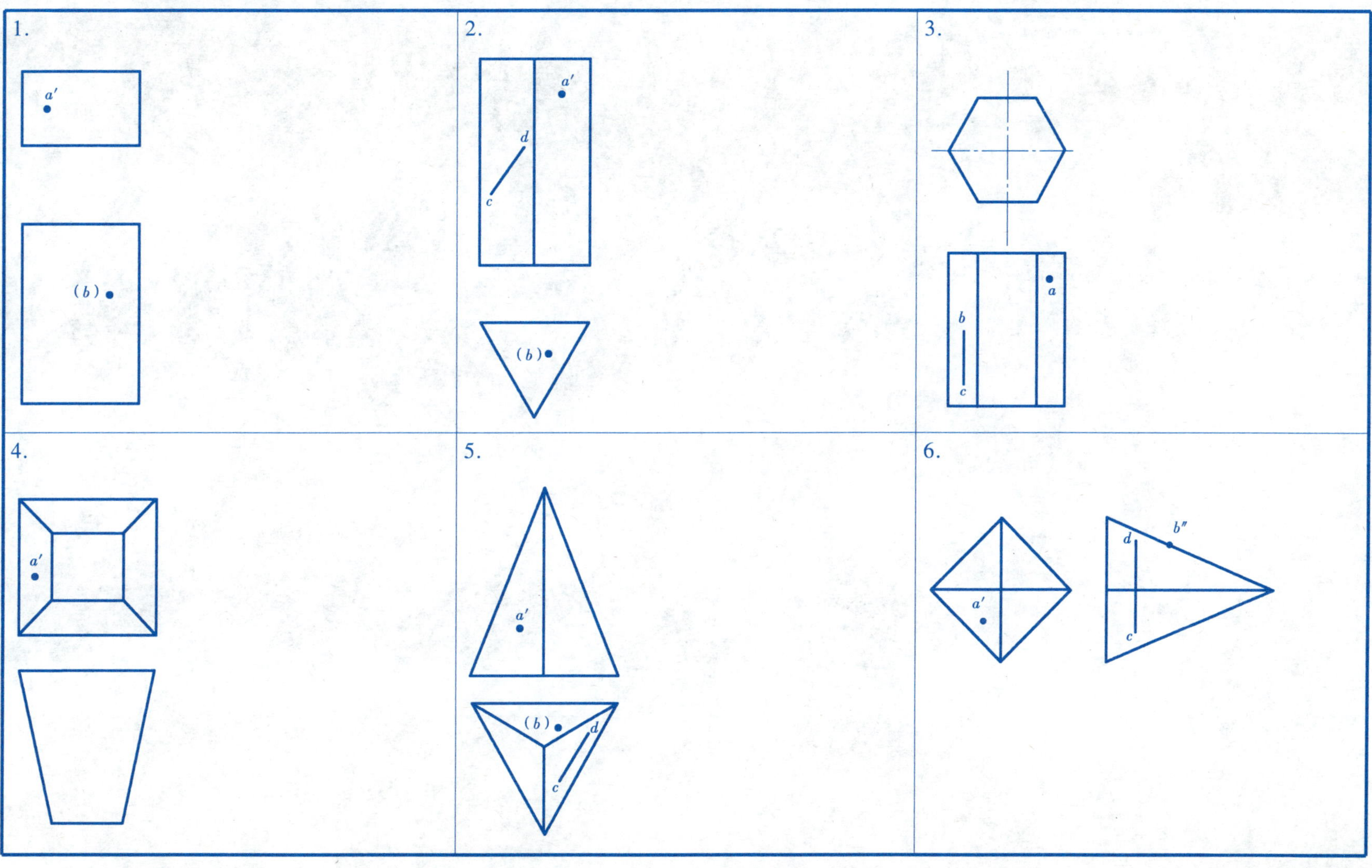

班级　　　　姓名　　　　学号

1-7 画出曲面立体所缺的第三个视图及其表面点、线的另两个投影。

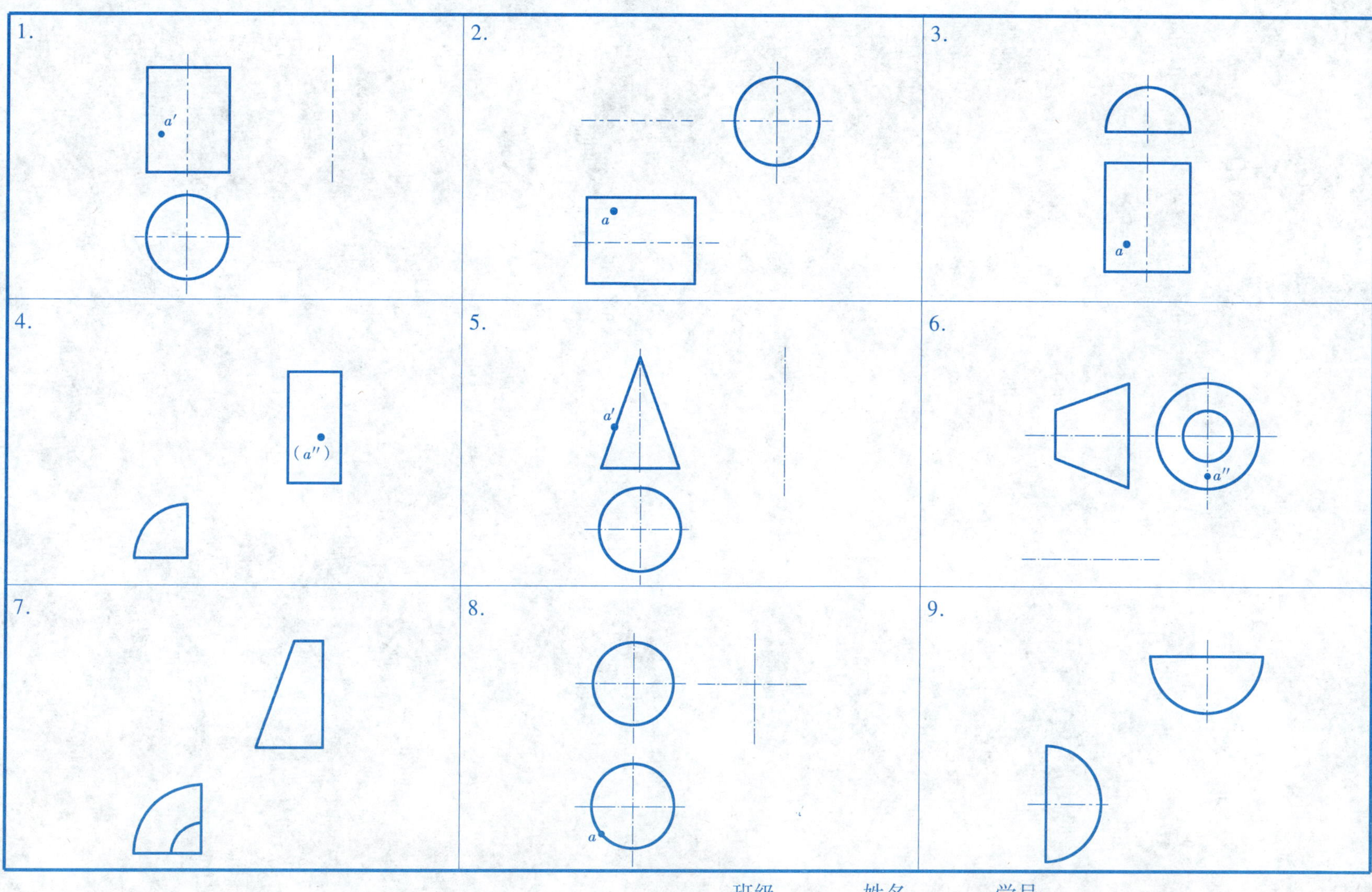

班级 姓名 学号

1-8　画出组合体所缺的第三个视图。

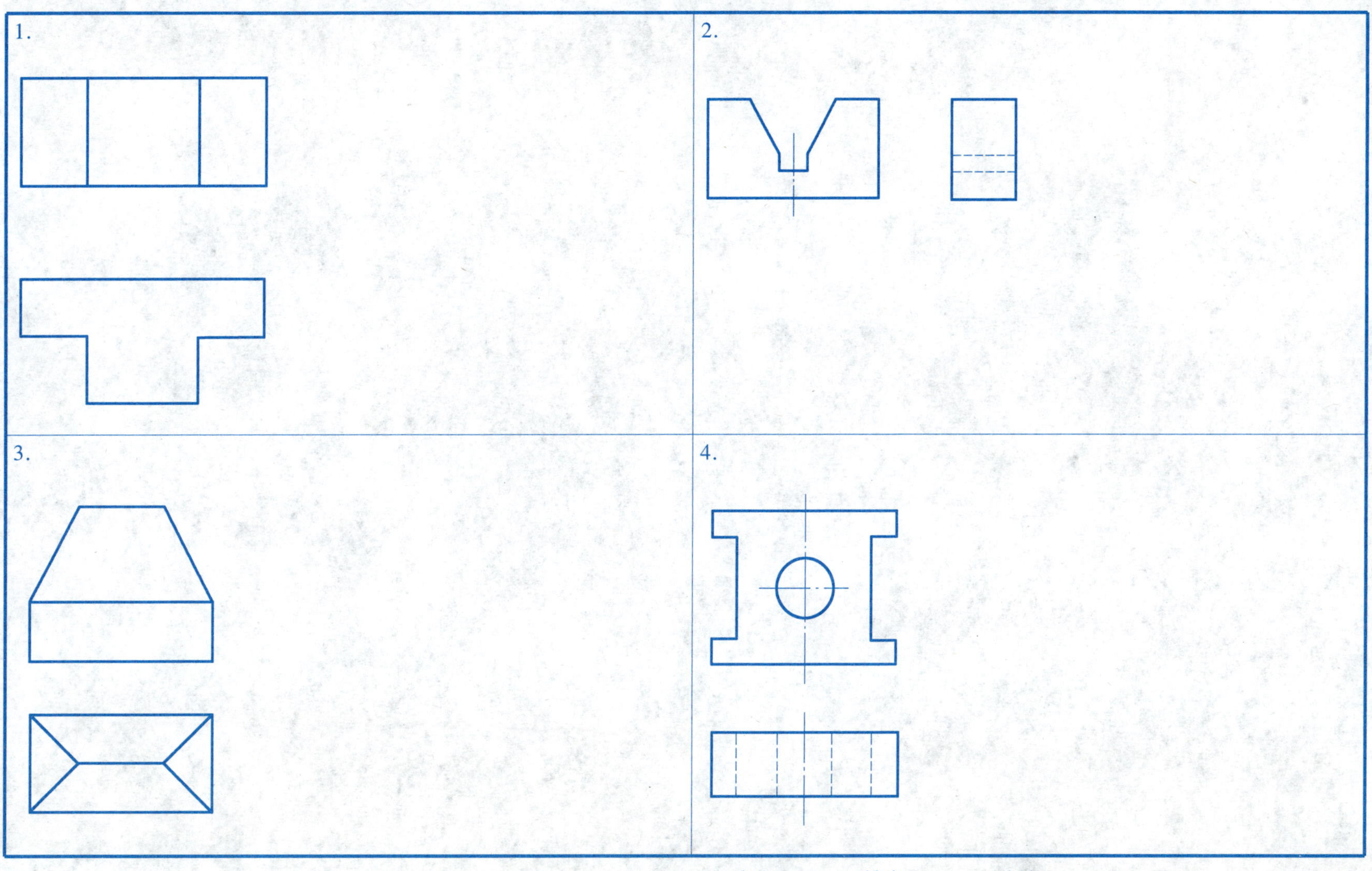

班级　　　　姓名　　　　学号

1-8　画出组合体所缺的第三个视图。

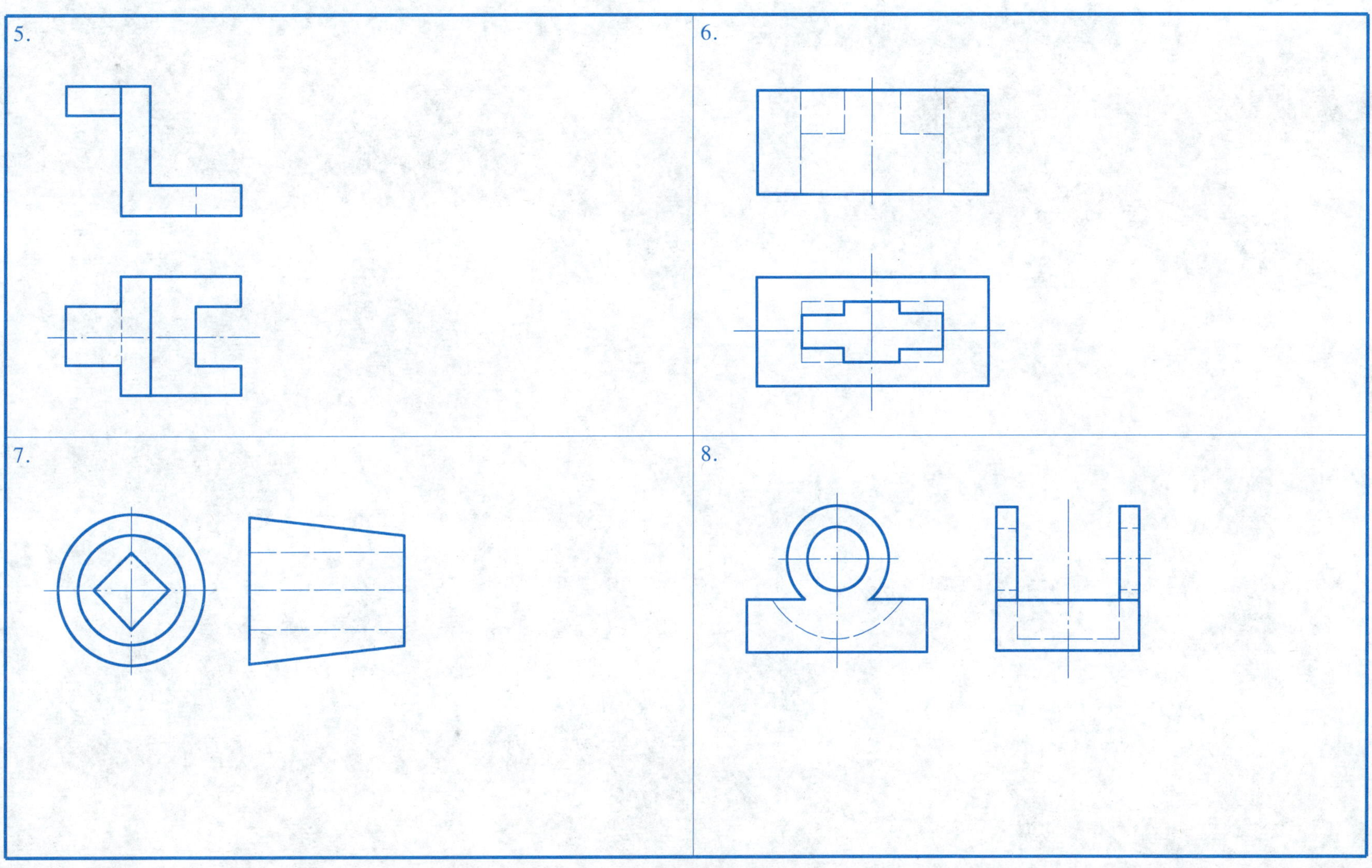

班级　　　　姓名　　　　学号

1-8　画出组合体所缺的第三个视图。

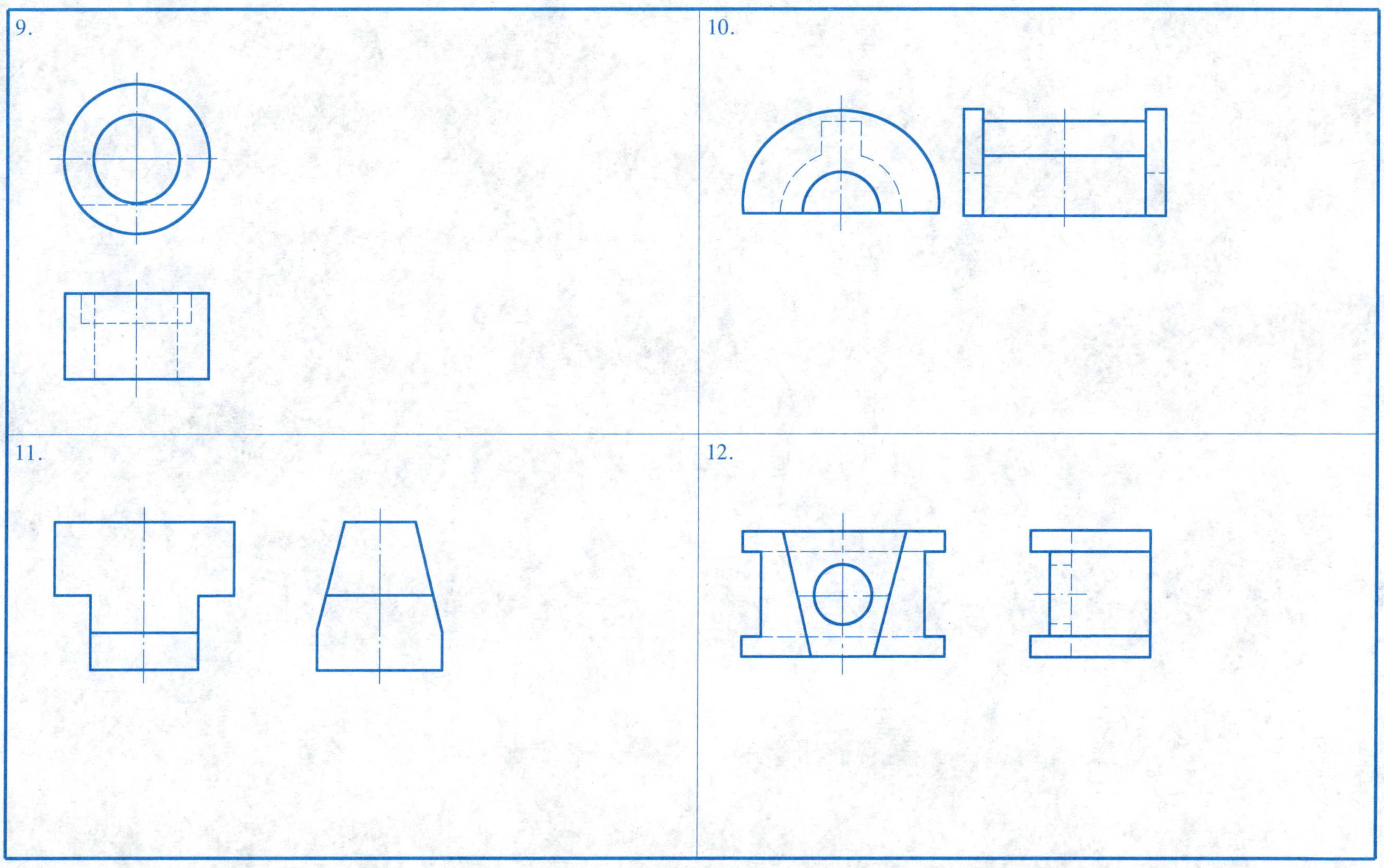

班级　　　　　姓名　　　　　学号

1-8　画出组合体所缺的第三个视图。

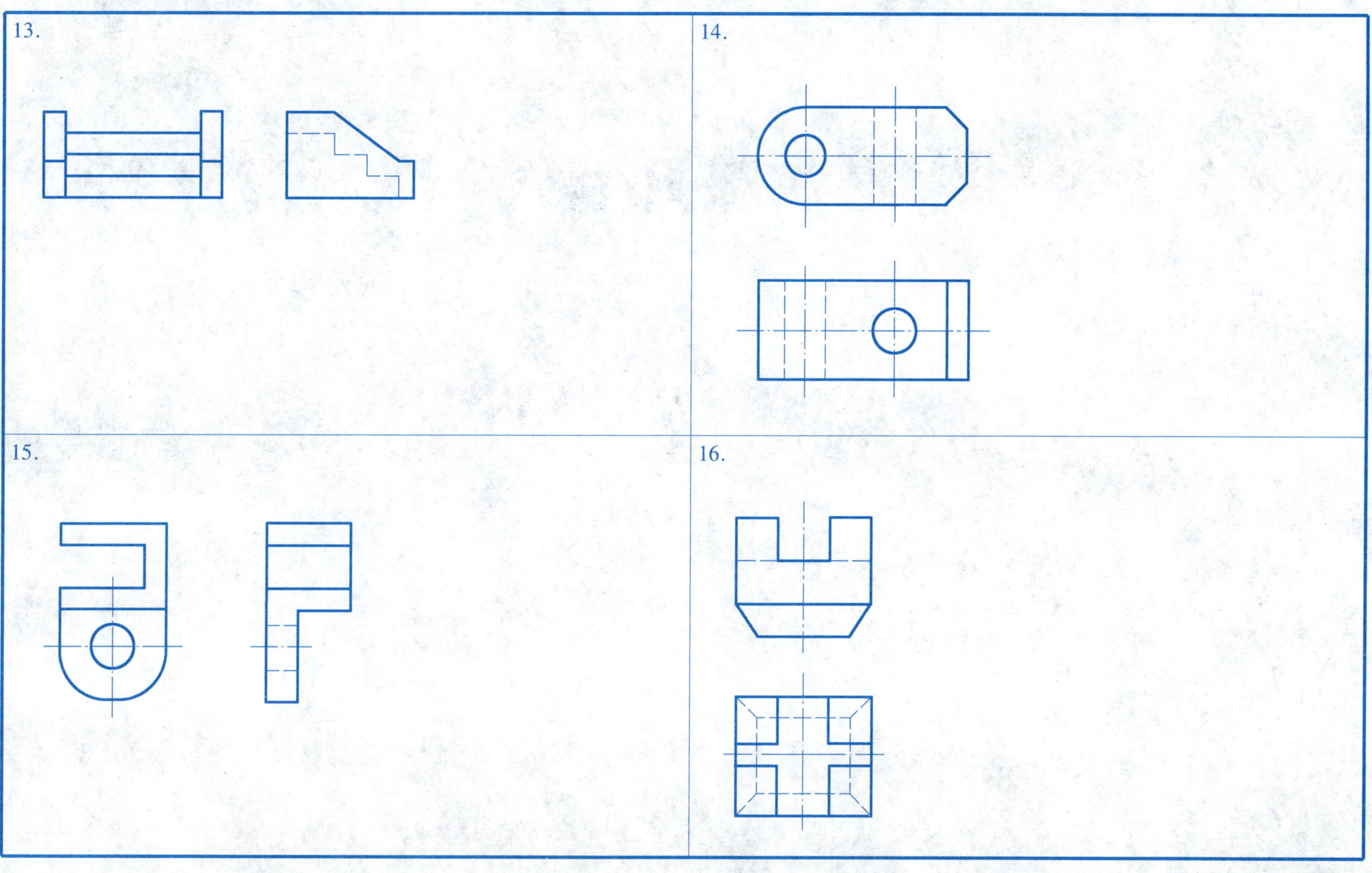

班级　　　　姓名　　　　学号

1-9　补画下列视图中所缺的线条。

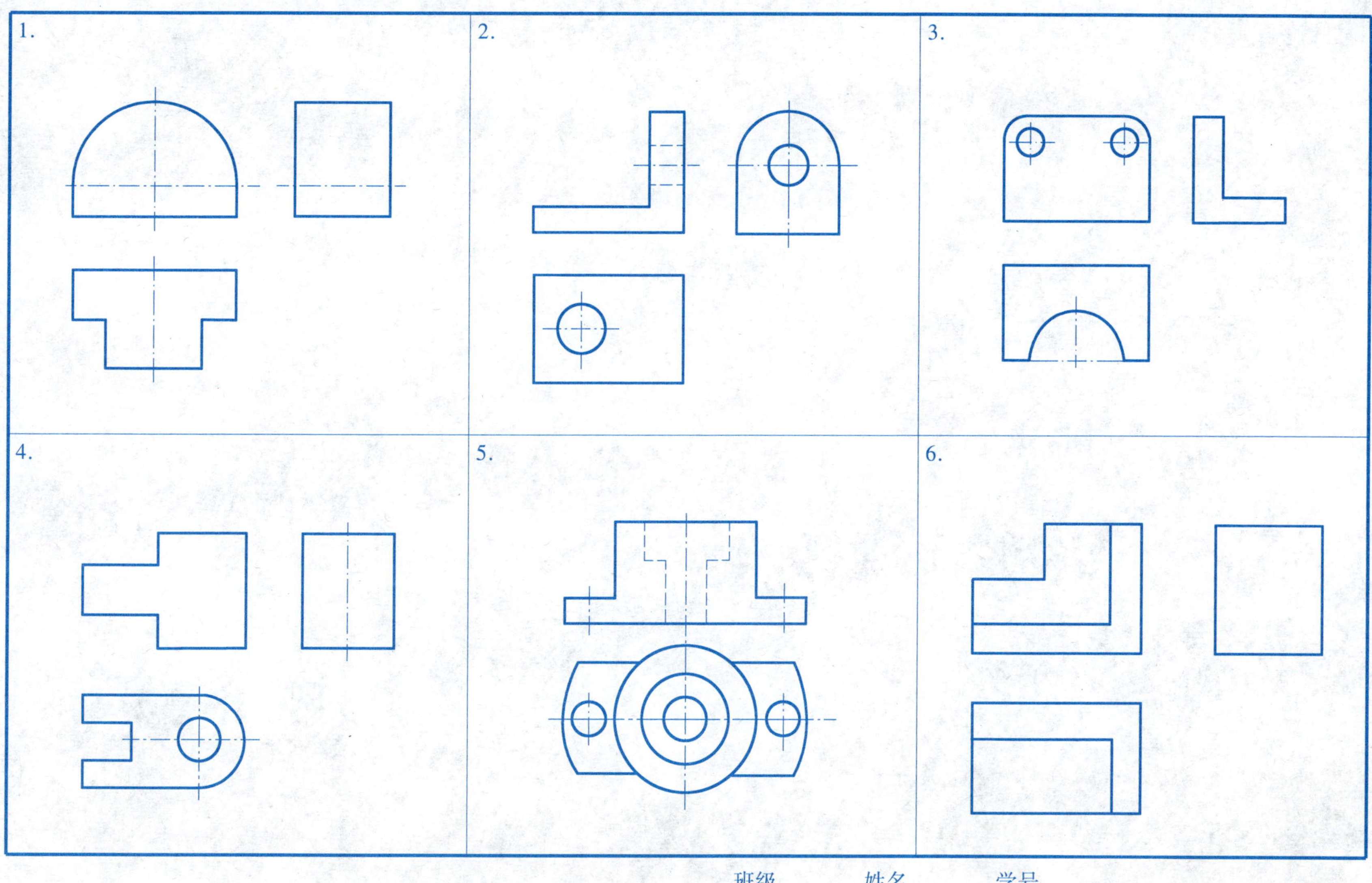

班级　　　　姓名　　　　学号

1-9　补画下列视图中所缺的线条。

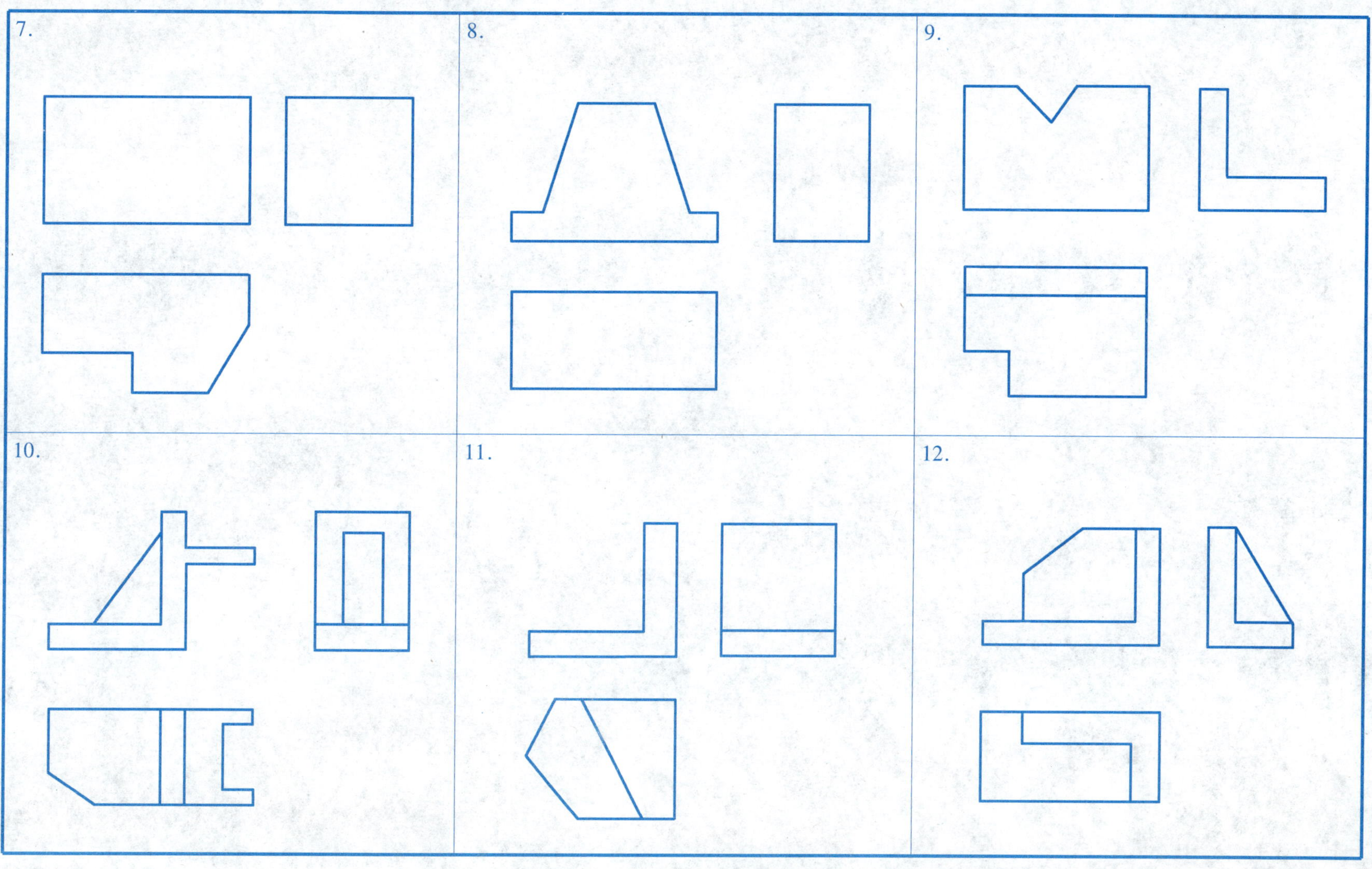

班级　　　　姓名　　　　学号

1-9　补画下列视图中所缺的线条。

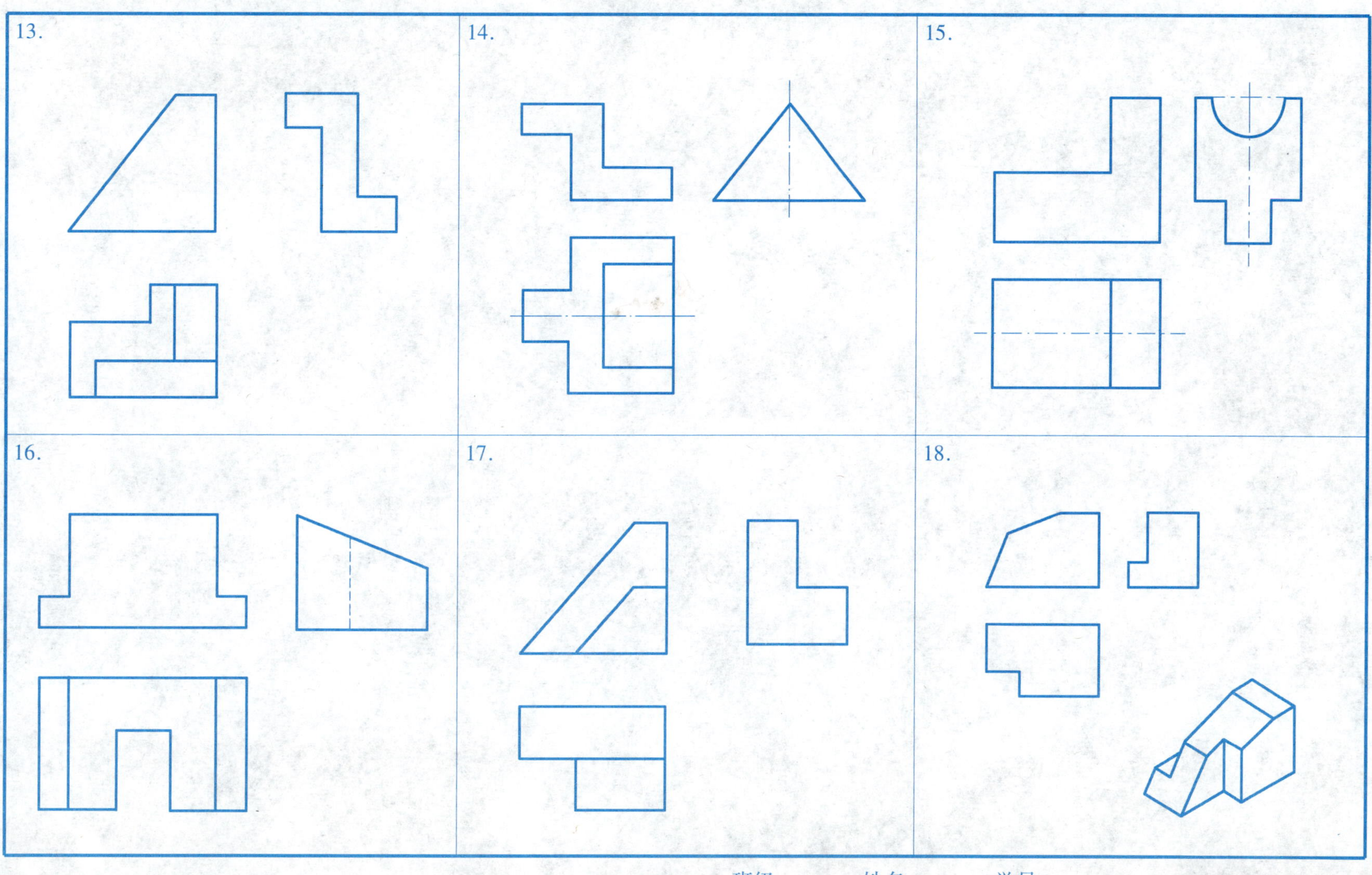

班级　　　　姓名　　　　学号

1-10 **构思形体，并补画投影。**

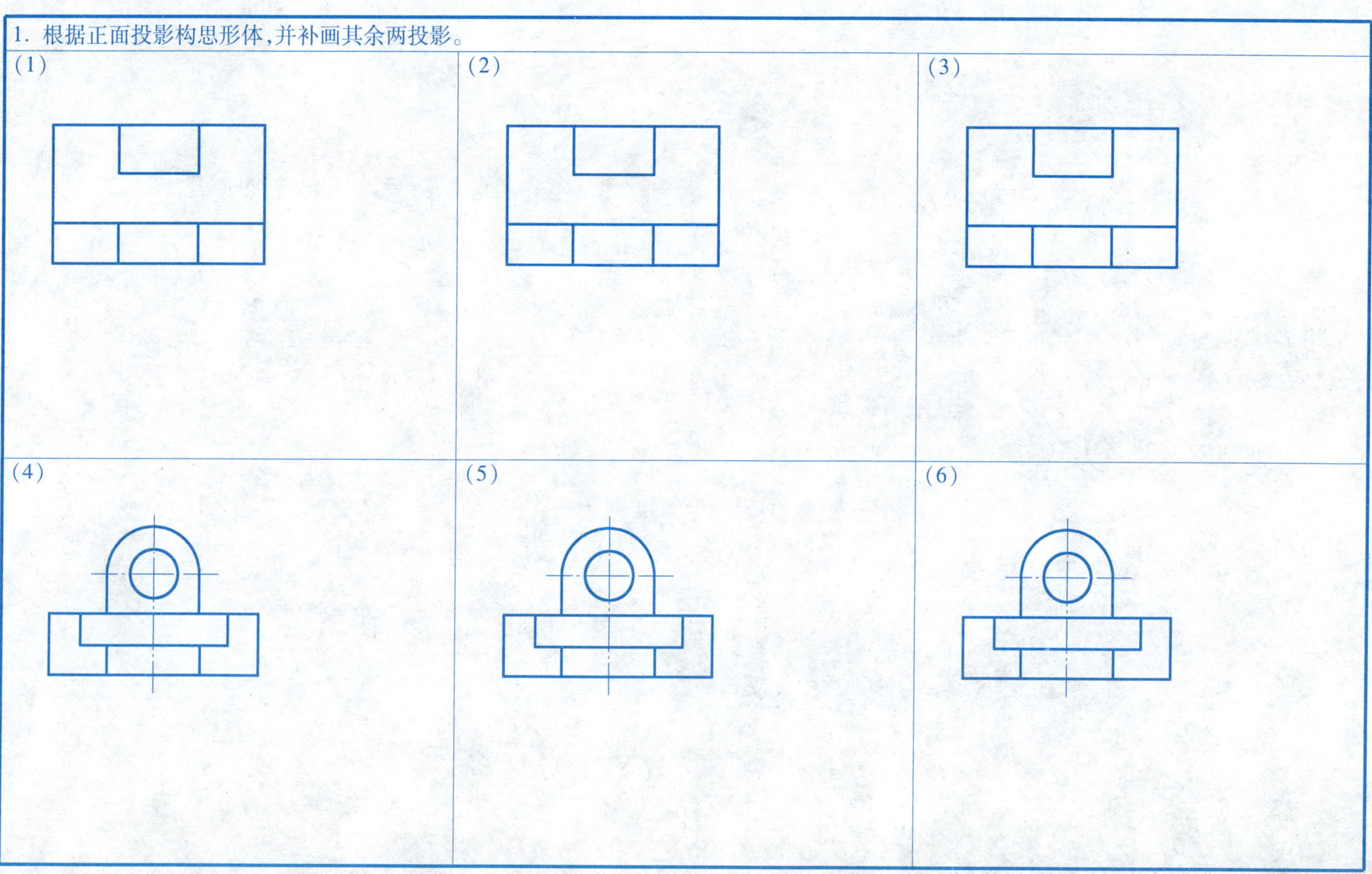

班级 姓名 学号

1-10　**构思形体，并补画投影。**

2. 根据正面投影和水平投影，补画侧面投影（有多种答案，至少画出两个）。

(1)

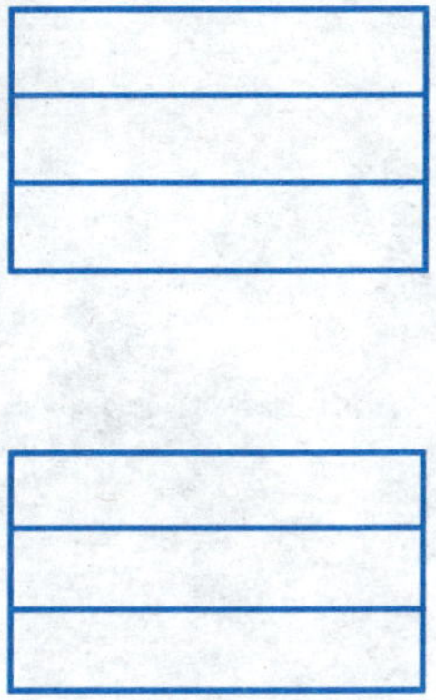

(2)

(3)

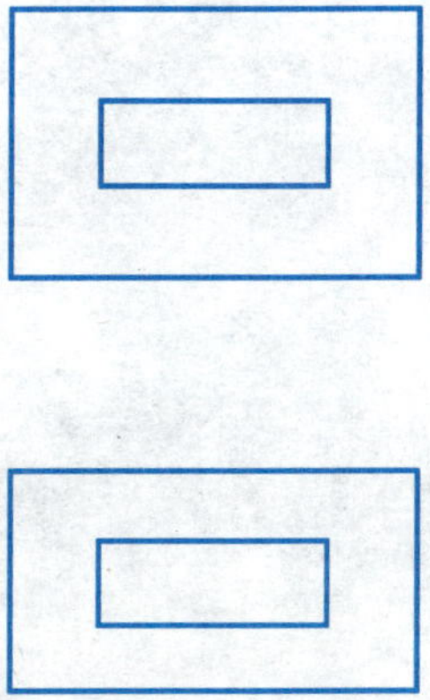

(4)

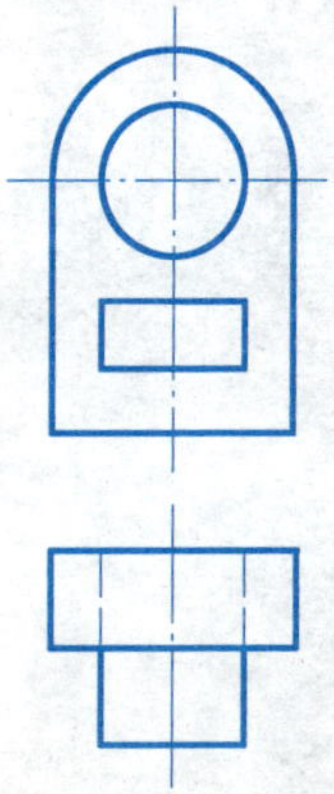

班级　　　　姓名　　　　学号

1-11 根据轴测图用适当比例在 A3 图纸上画出下面组合体的三视图，并标注尺寸。

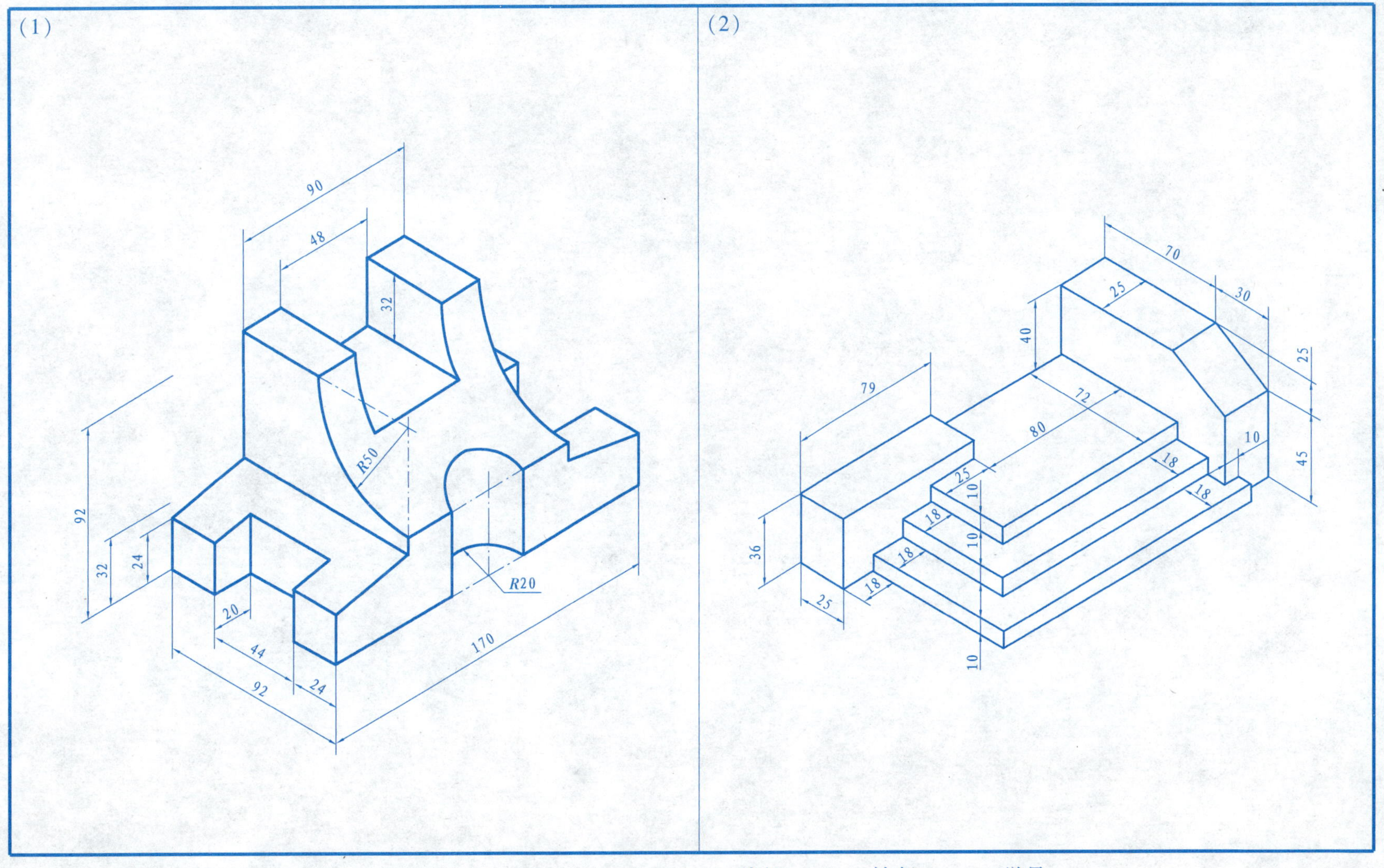

班级 姓名 学号

1-11　根据轴测图用适当比例在 A3 图纸上画出下面组合体的三视图，并标注尺寸。

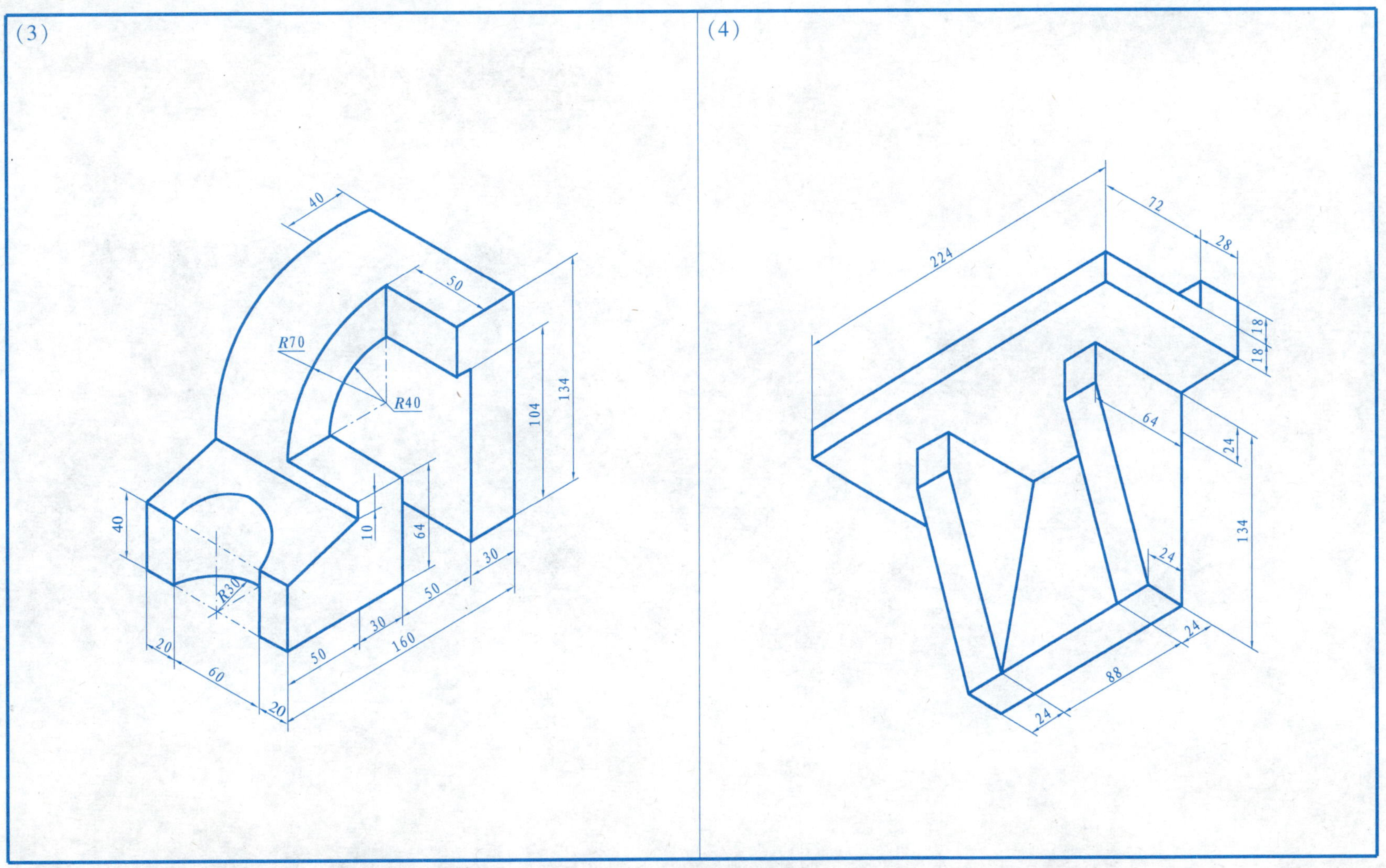

班级　　　　姓名　　　　学号

第二章　建筑形体表面交线

2-1 **根据两视图，补画第三视图。**

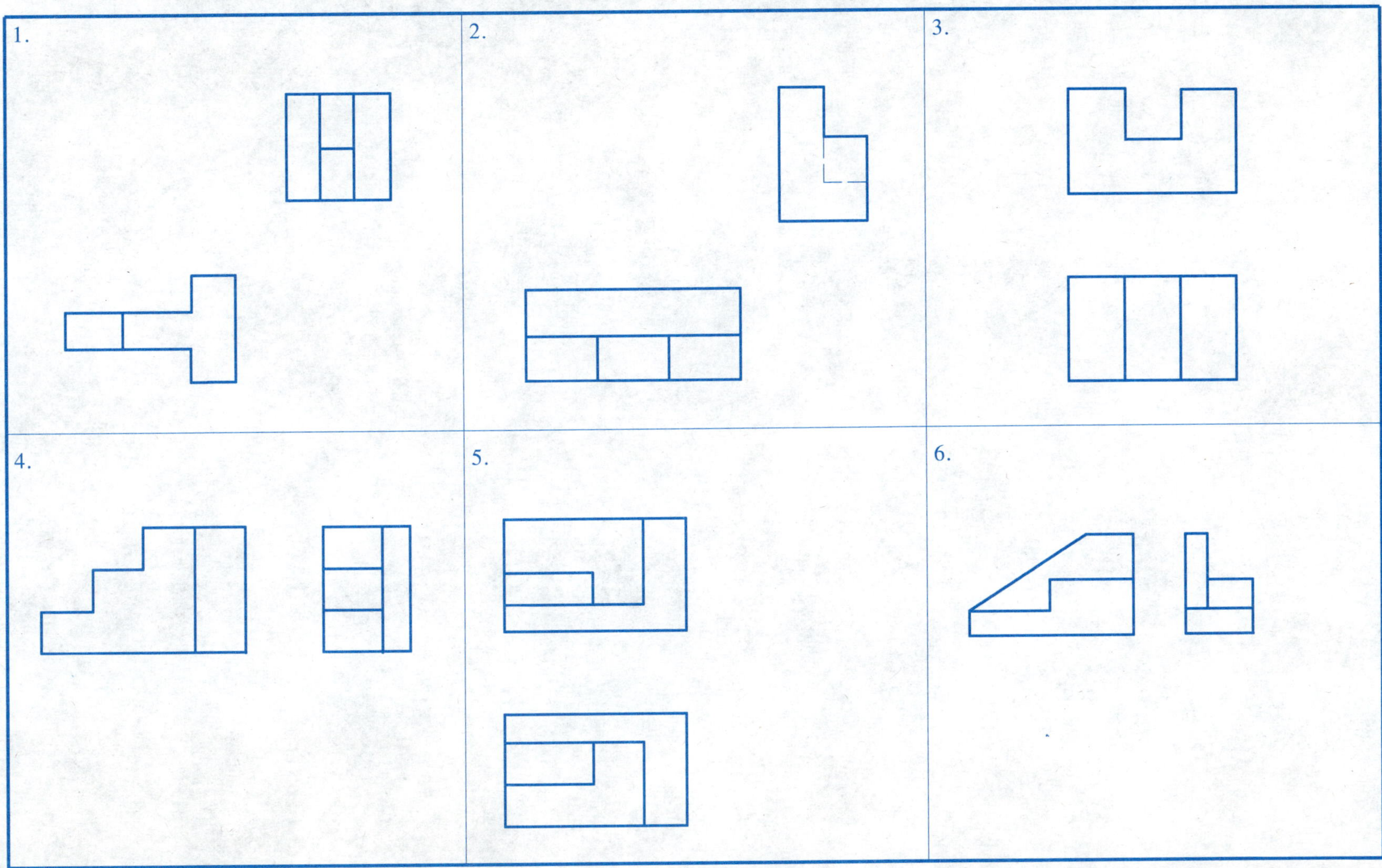

班级　　姓名　　学号

2-1　根据两视图，补画第三视图。

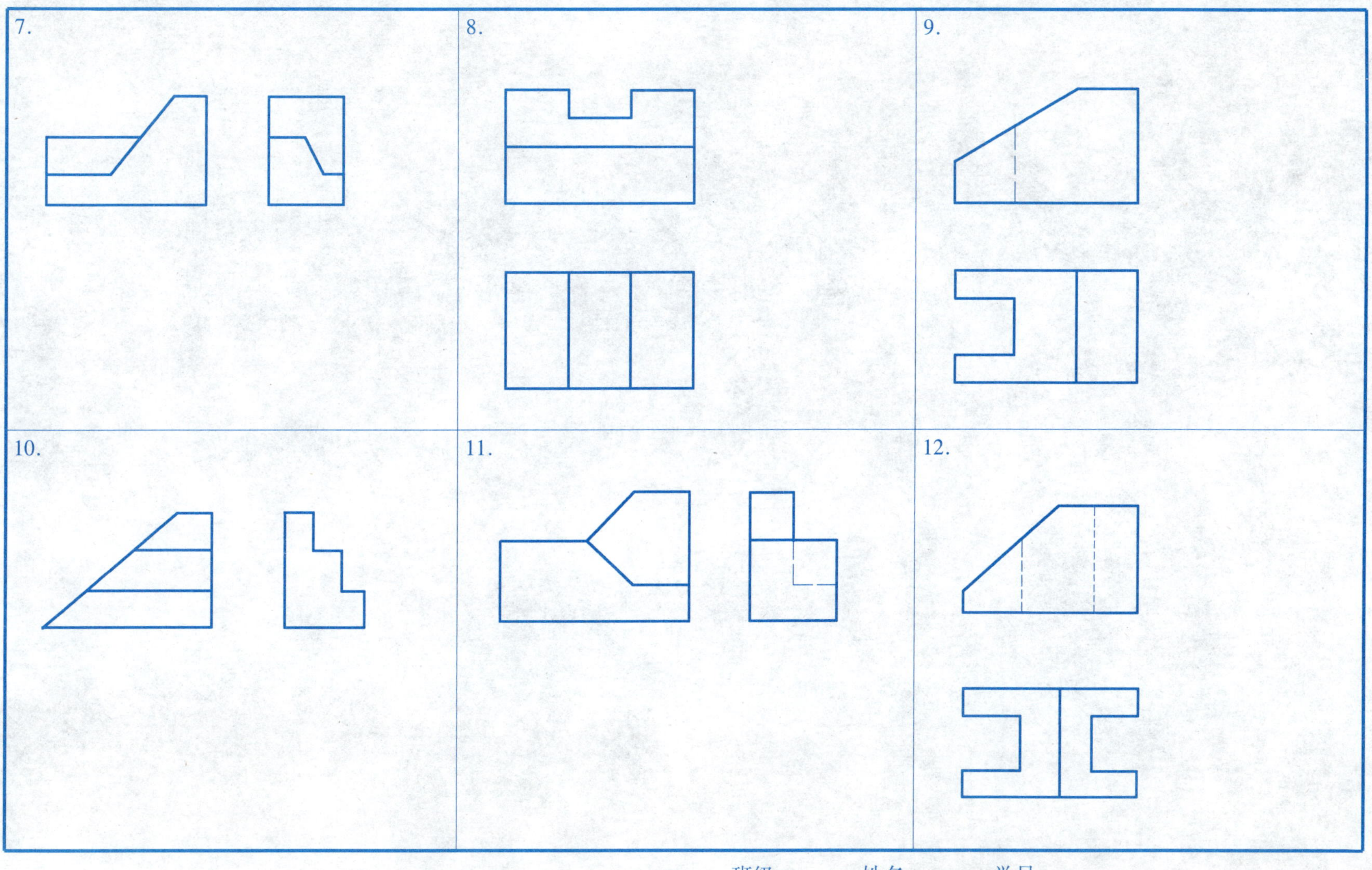

班级　　　　姓名　　　　学号

2-1　**根据两视图，补画第三视图。**

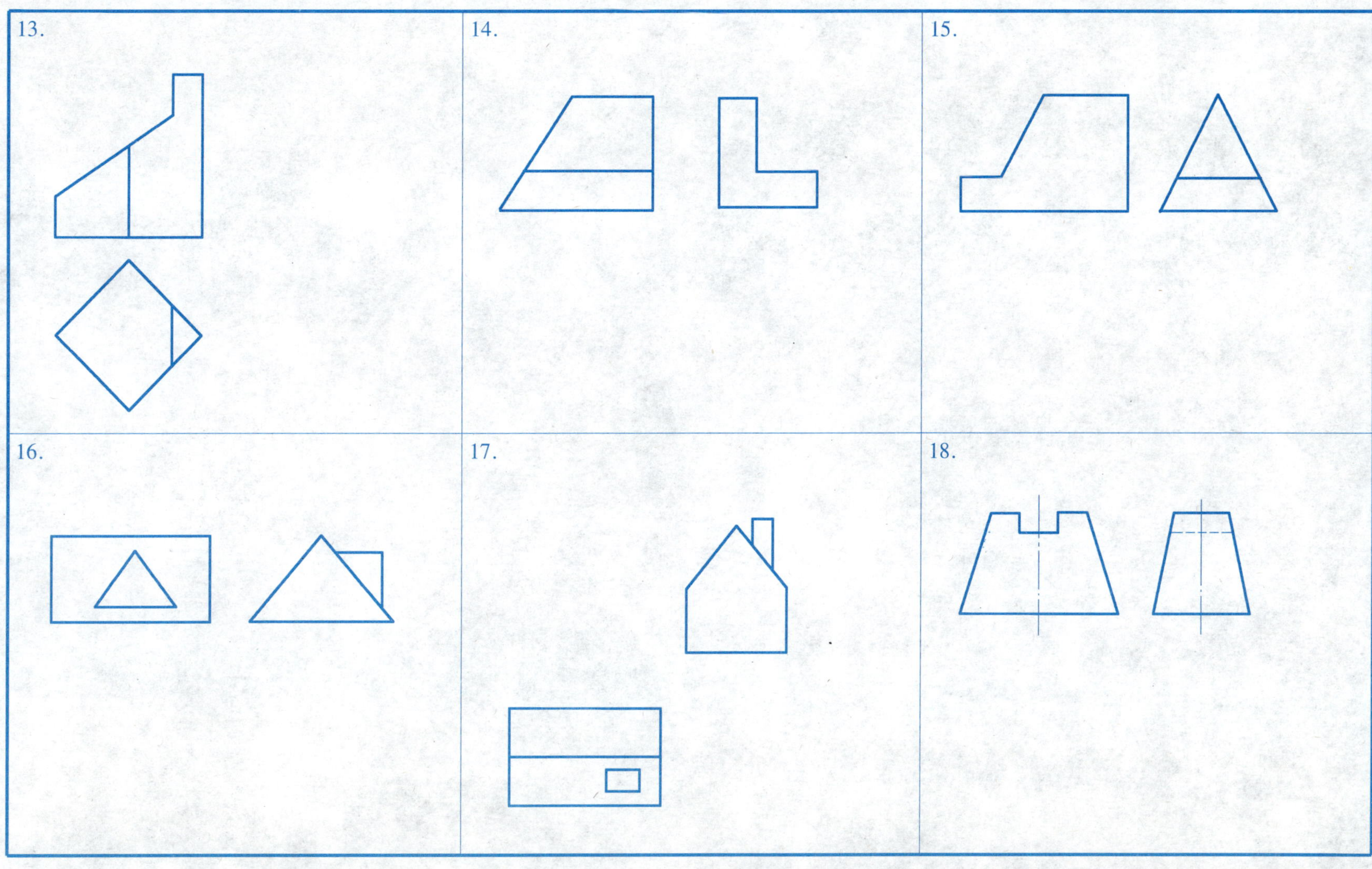

班级　　　　姓名　　　　学号

2-1　根据两视图，补画第三视图。

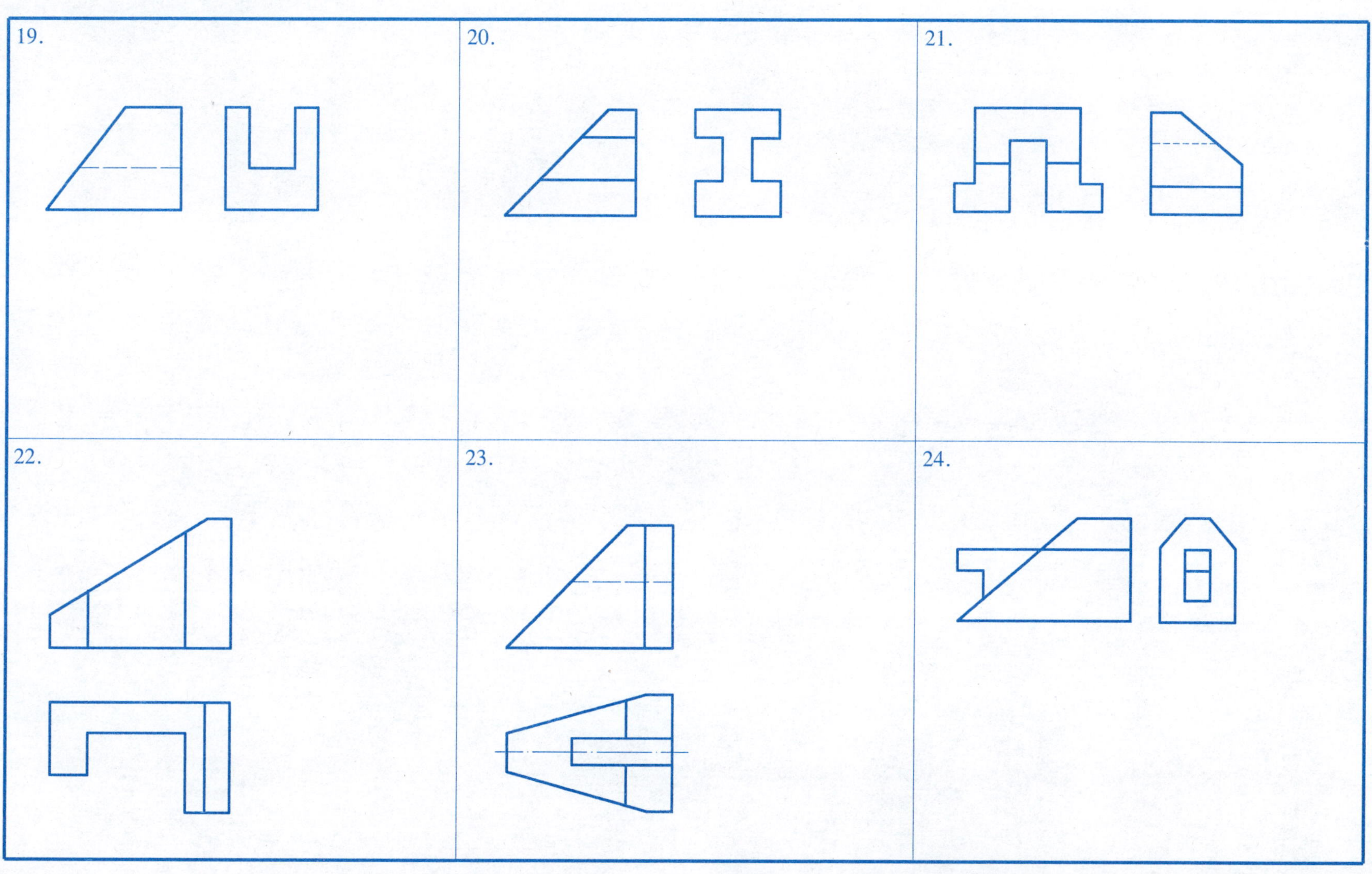

班级　　　　姓名　　　　学号

2-2　**根据两视图，补画第三视图。**

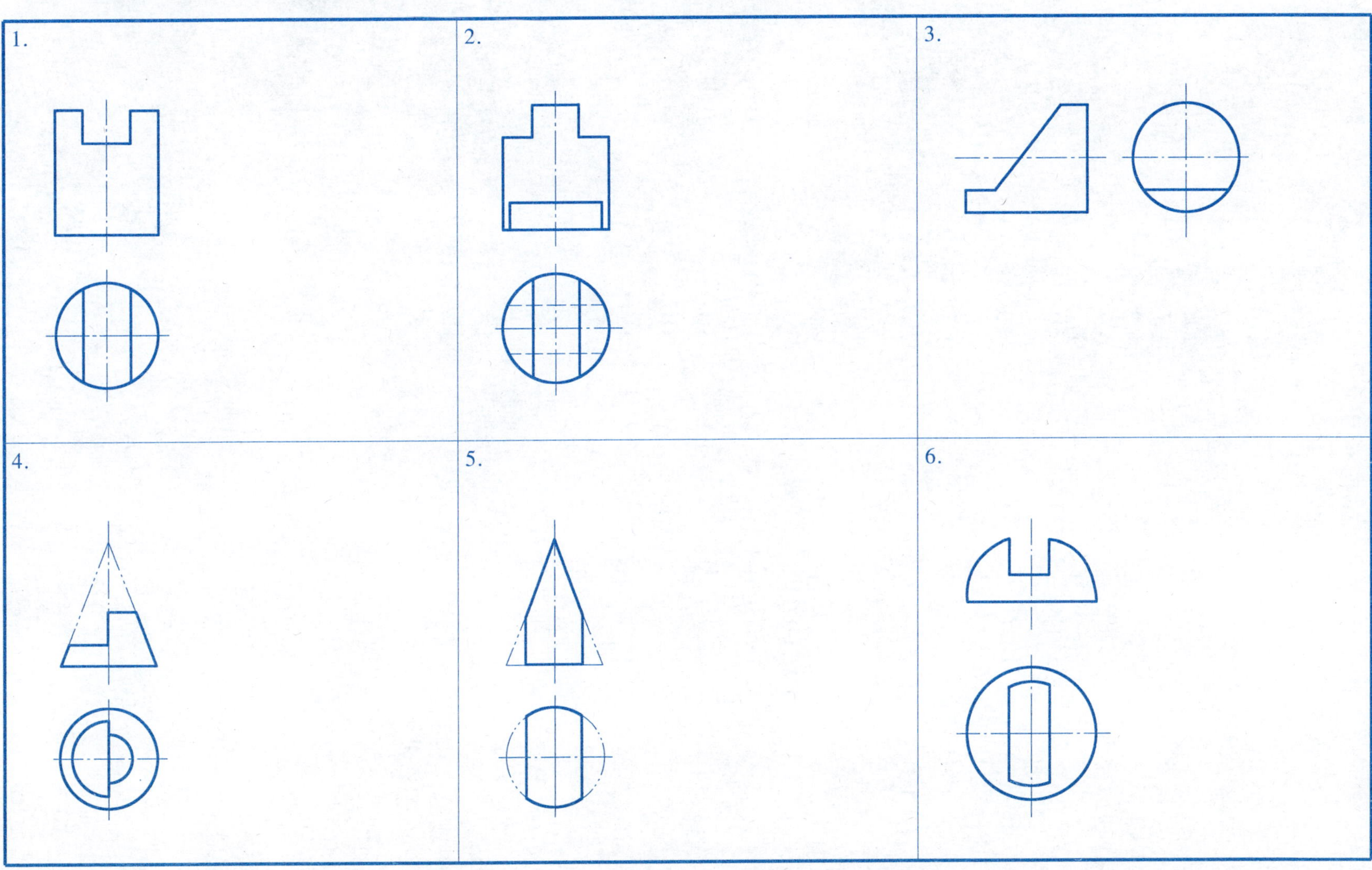

班级　　　　姓名　　　　学号

2-2 根据两视图，补画第三视图。

2-3　补画相交型立体的第三视图。

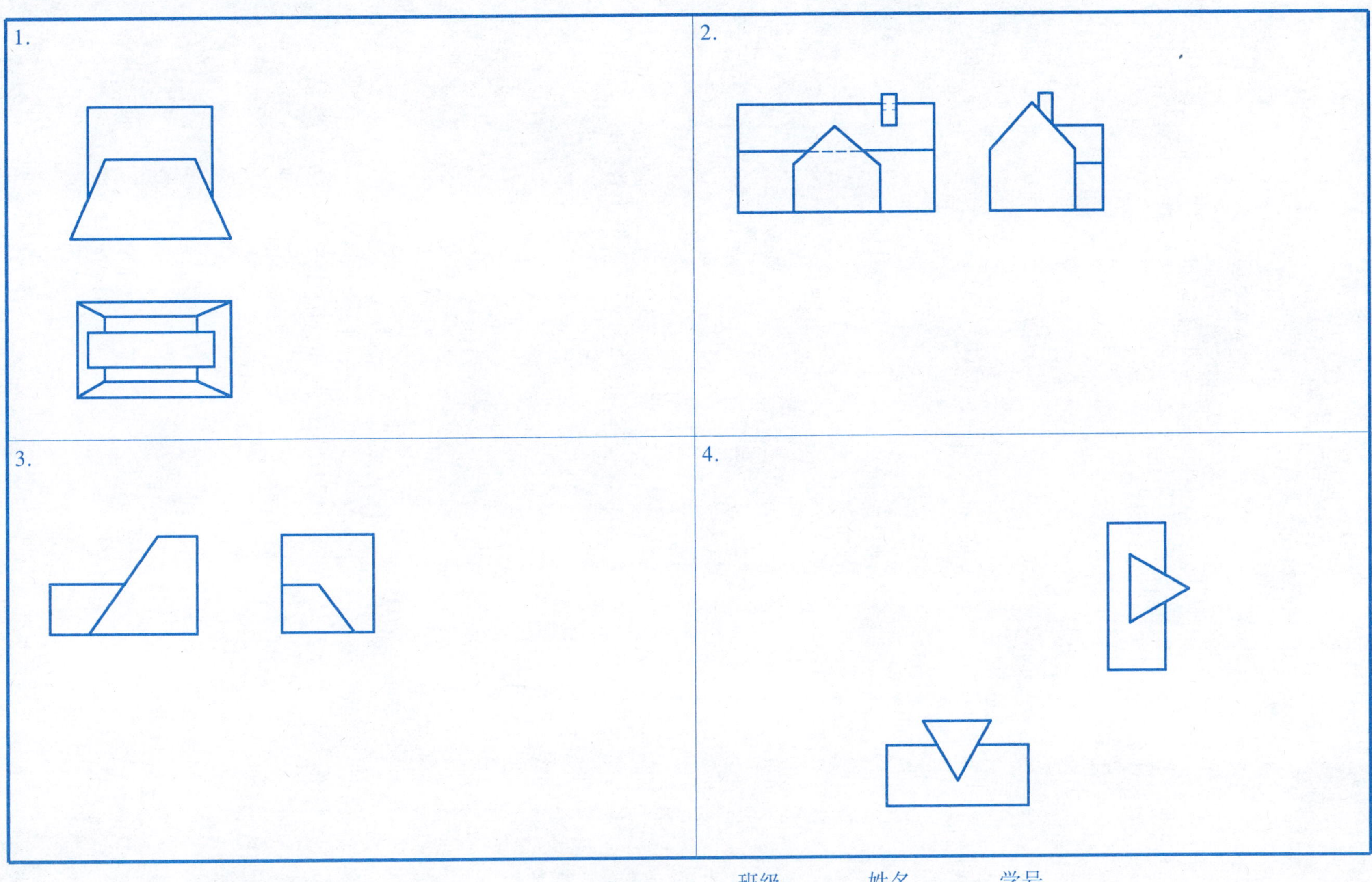

班级　　　　姓名　　　　学号

2-4　补画平面体与曲面体相交的第三视图。

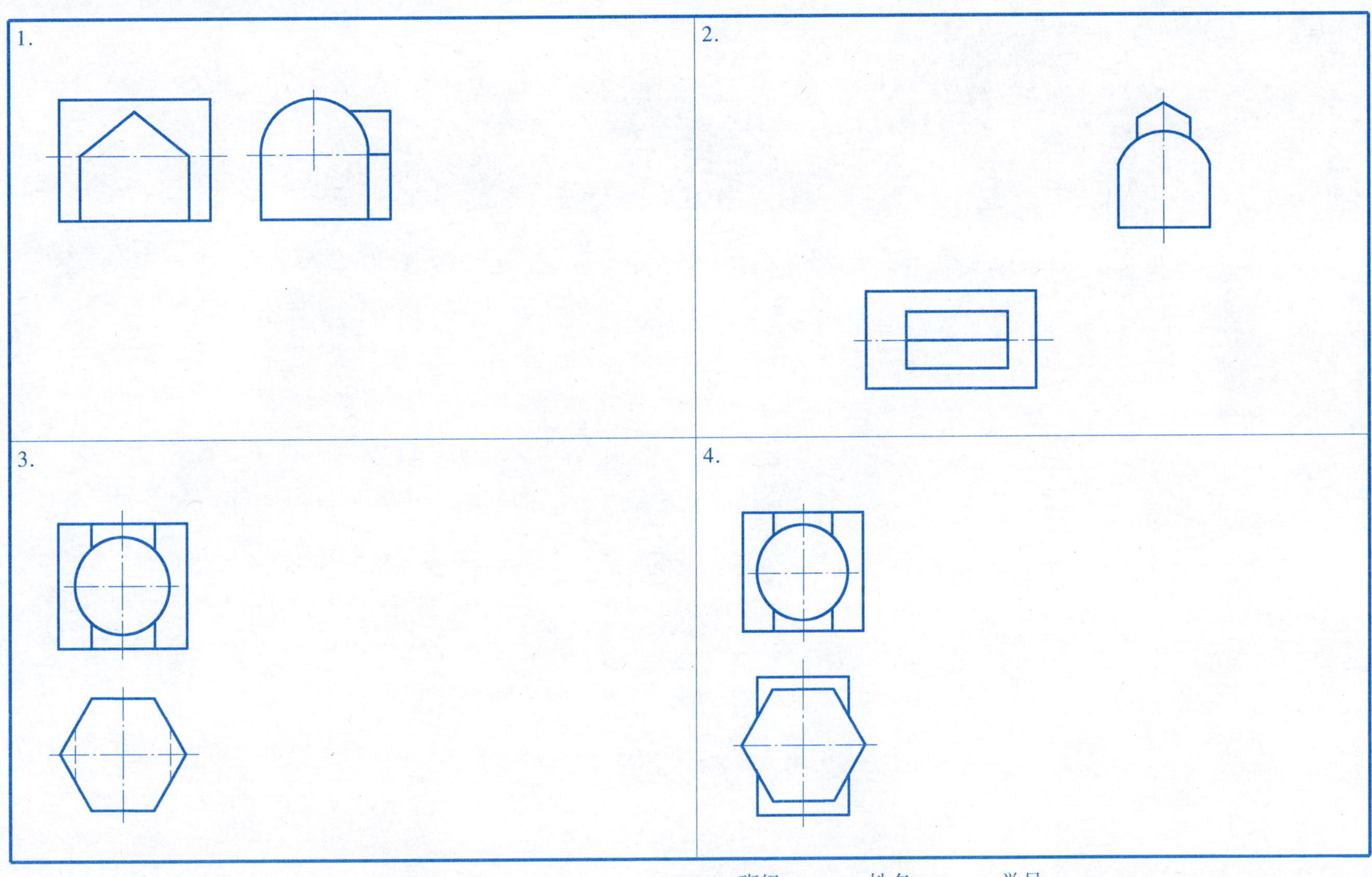

班级　　　　姓名　　　　学号

2-5 补画带有相贯线的投影。

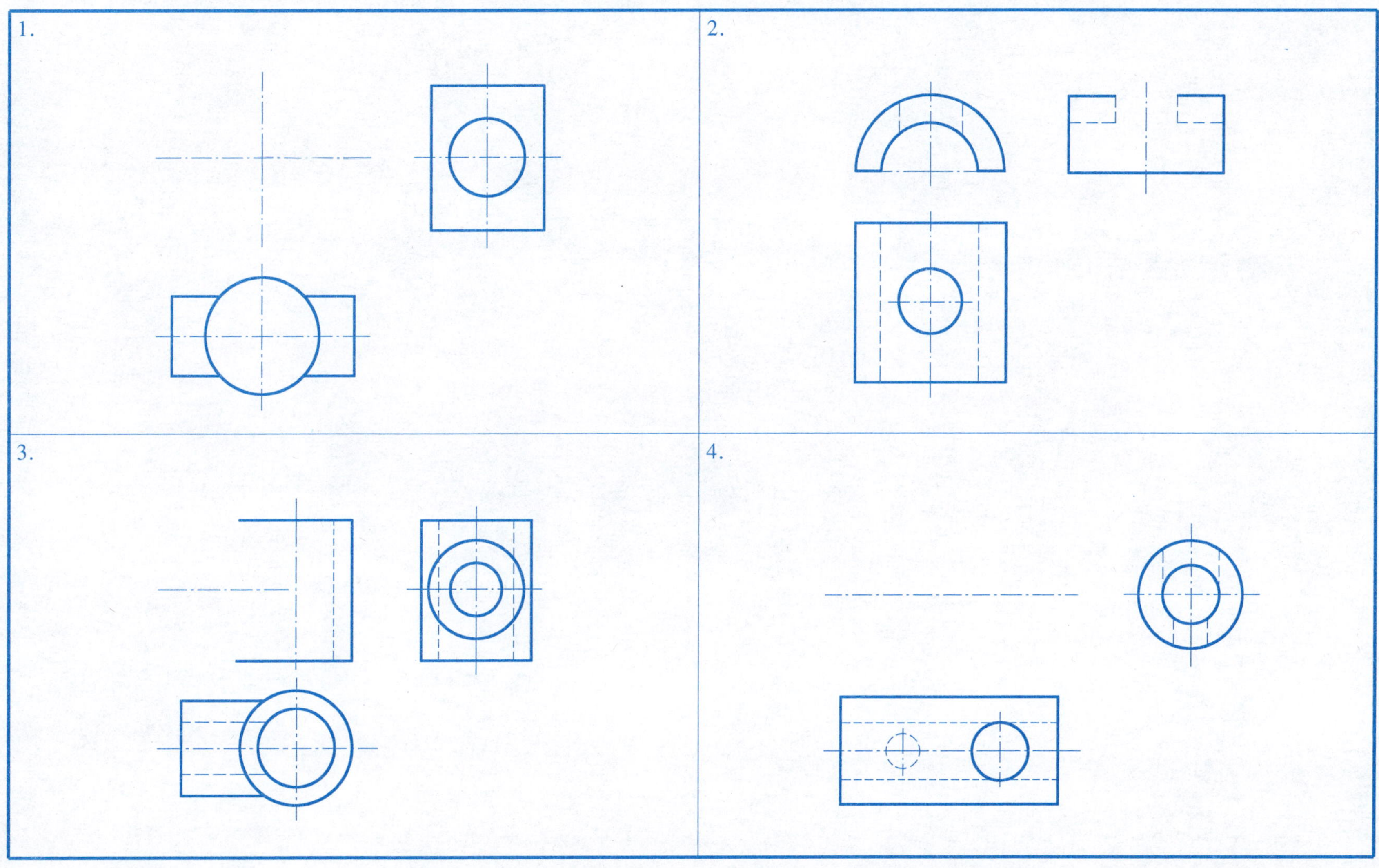

班级 姓名 学号

2-5　补画带有相贯线的投影。

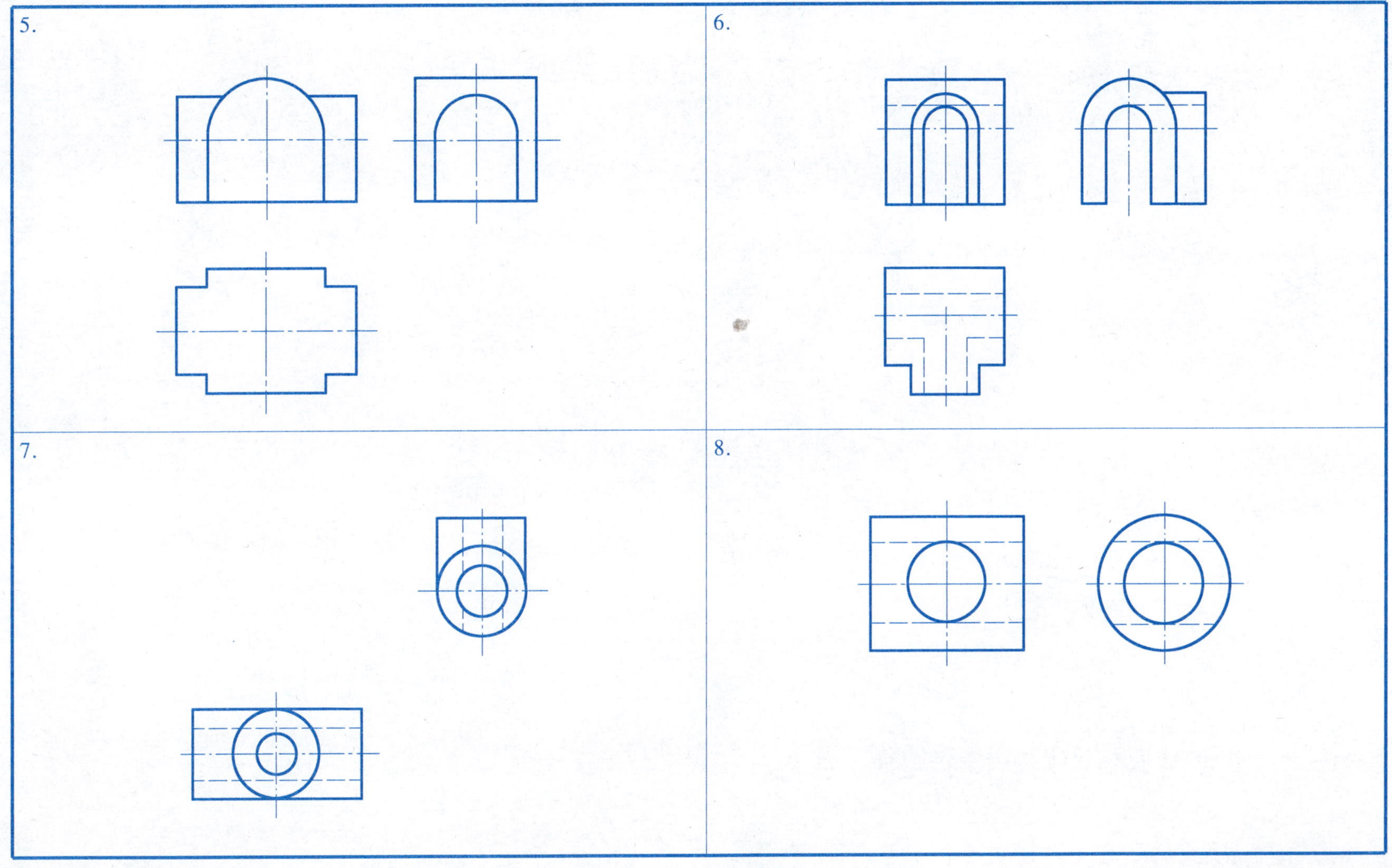

班级　　　　姓名　　　　学号

2-6 **同坡屋面交线。**

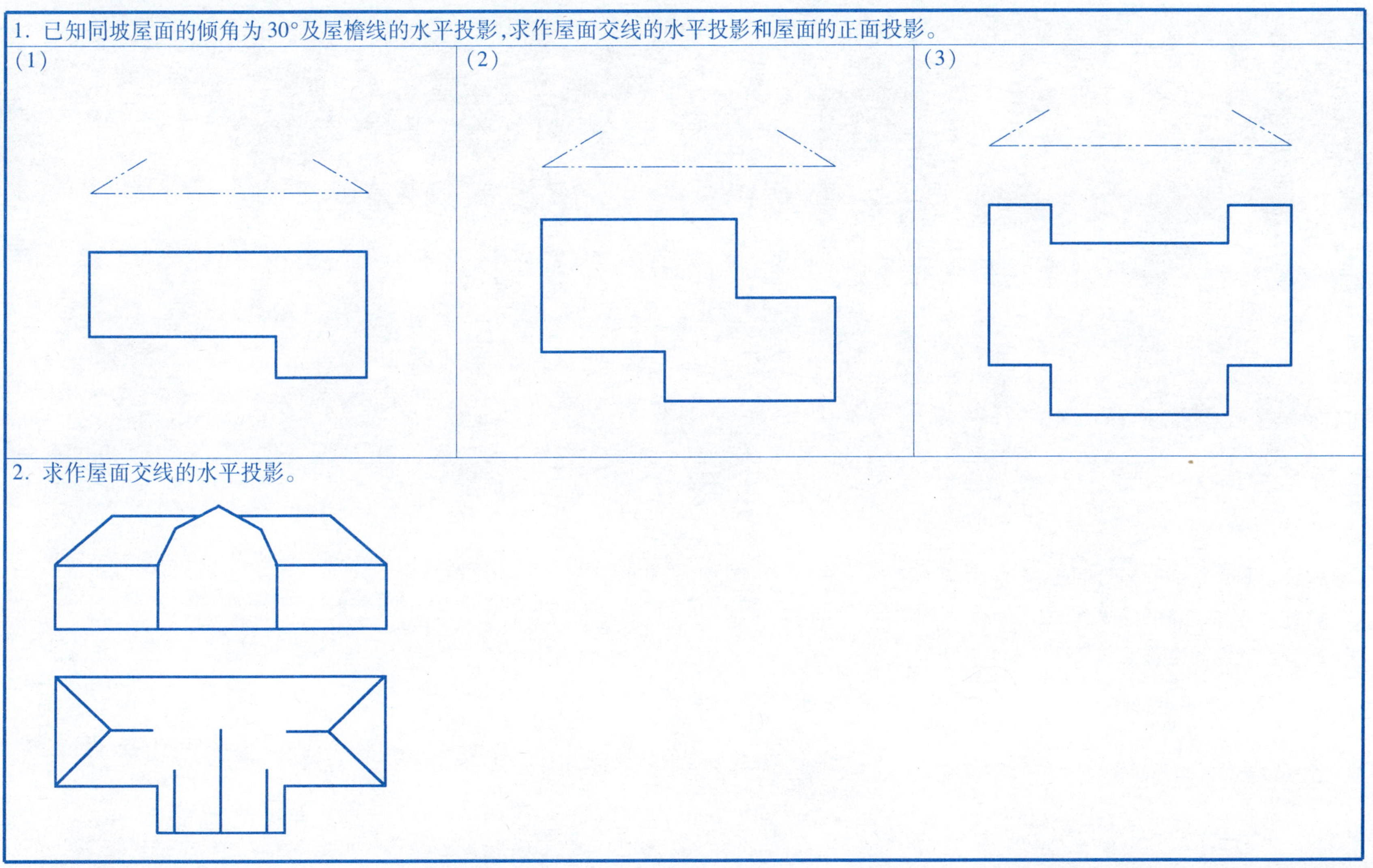

班级　　　　姓名　　　　学号

第三章　轴测图与透视图

3-1　根据投影，画正等轴测图。

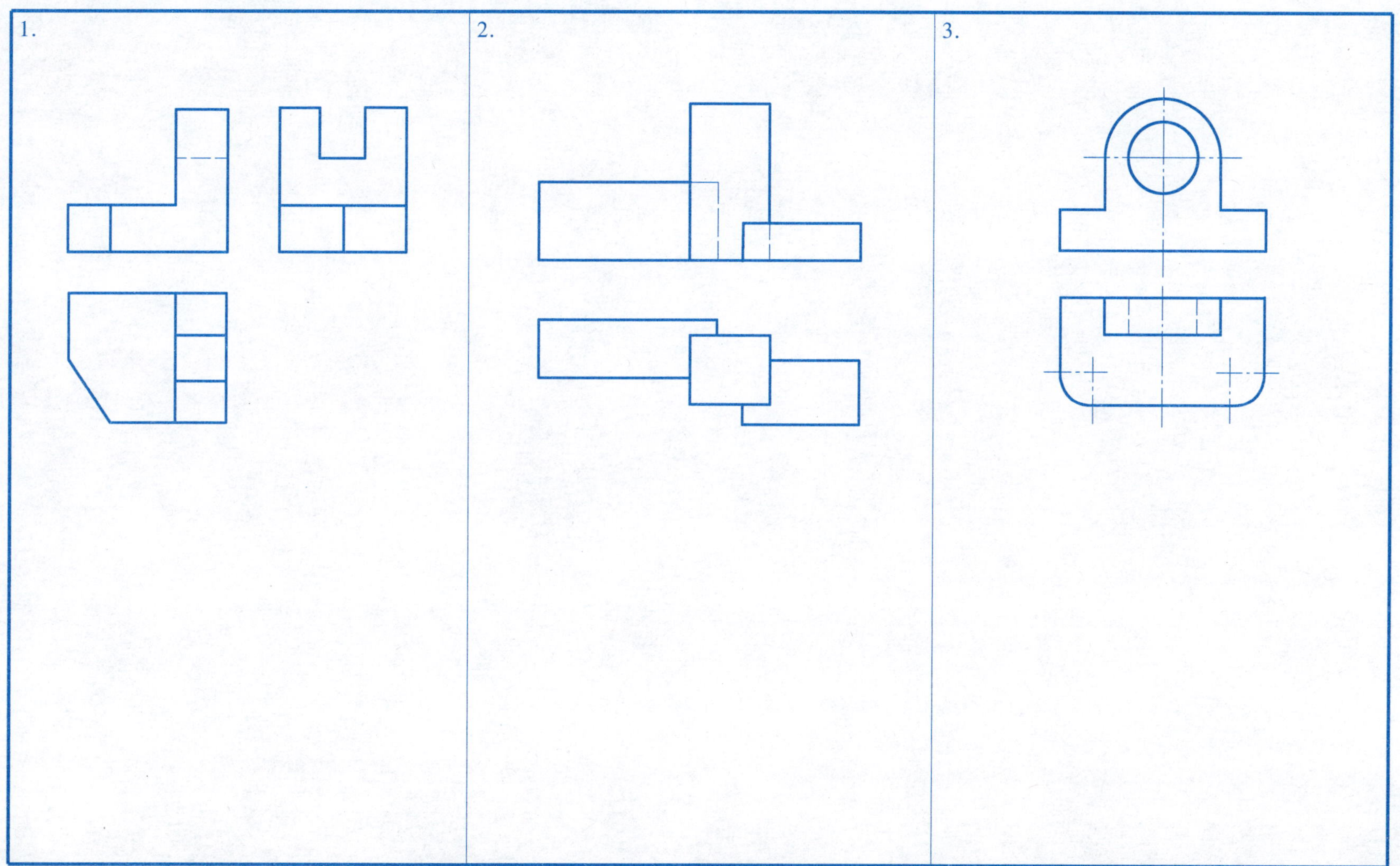

班级　　　　姓名　　　　学号

3-1　**根据投影，画正等轴测图。**

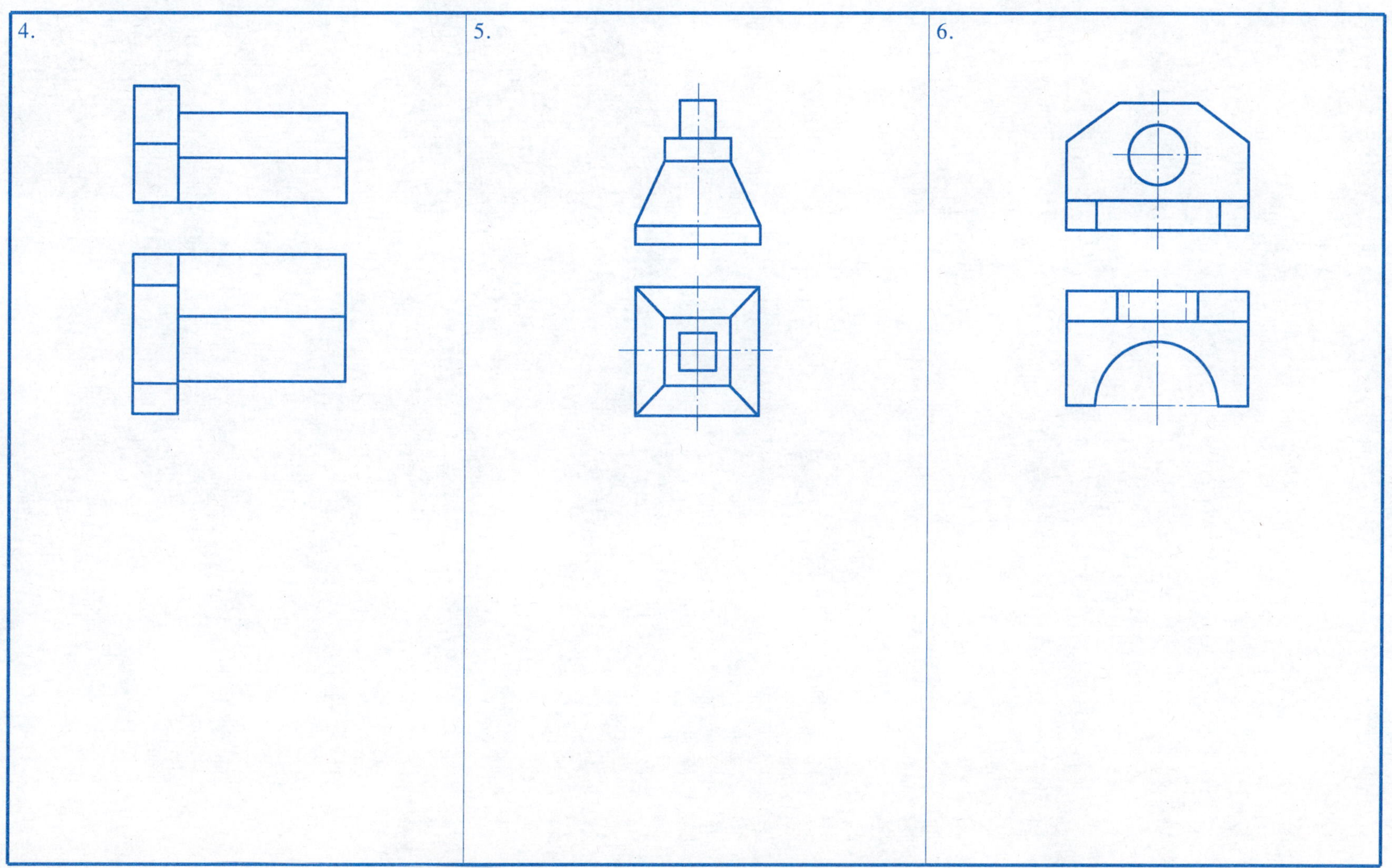

班级　　　　姓名　　　　学号

3-2　**根据投影，画斜轴测图。**

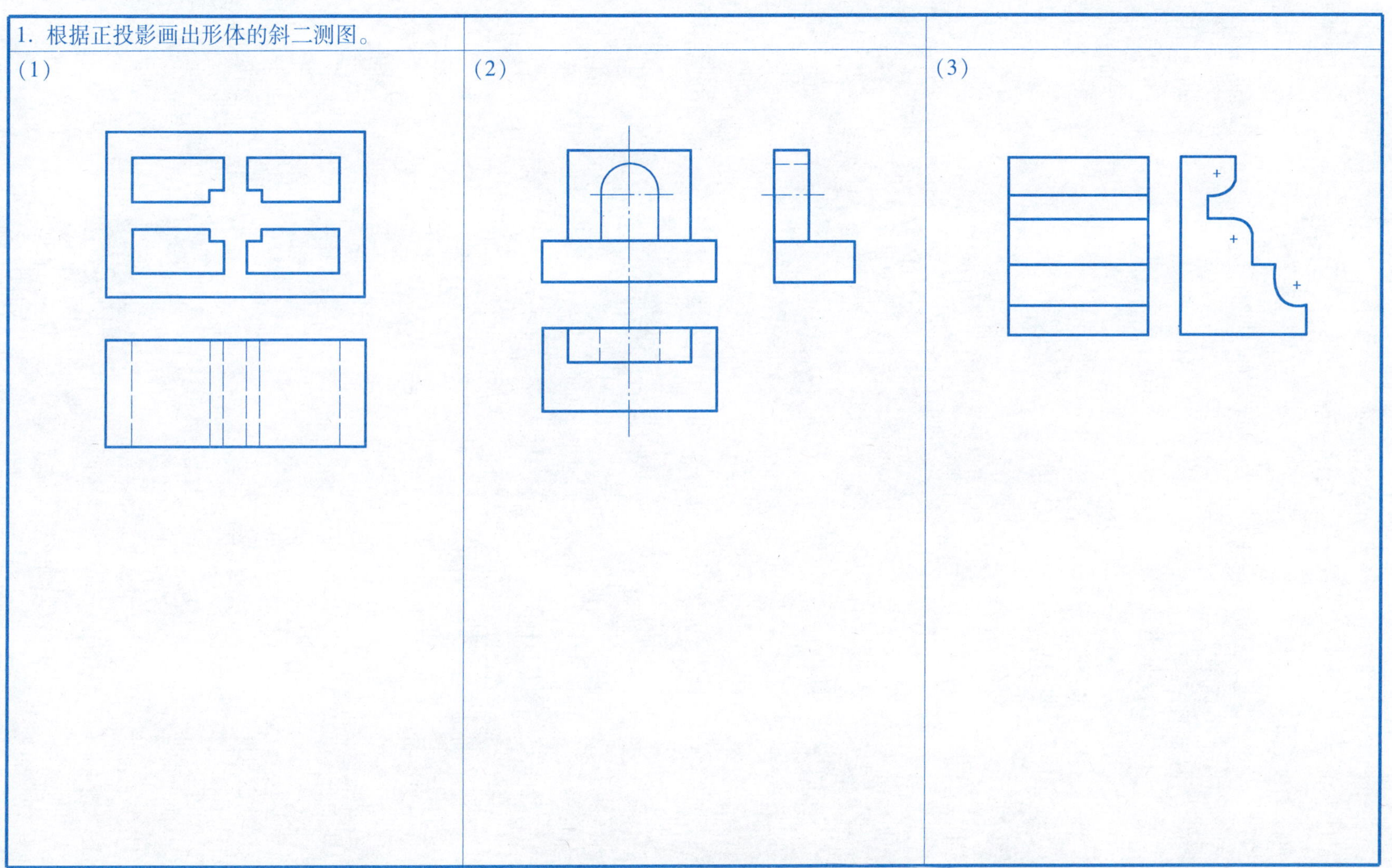

班级　　　　姓名　　　　学号

3-2　**根据投影，画斜轴测图。**

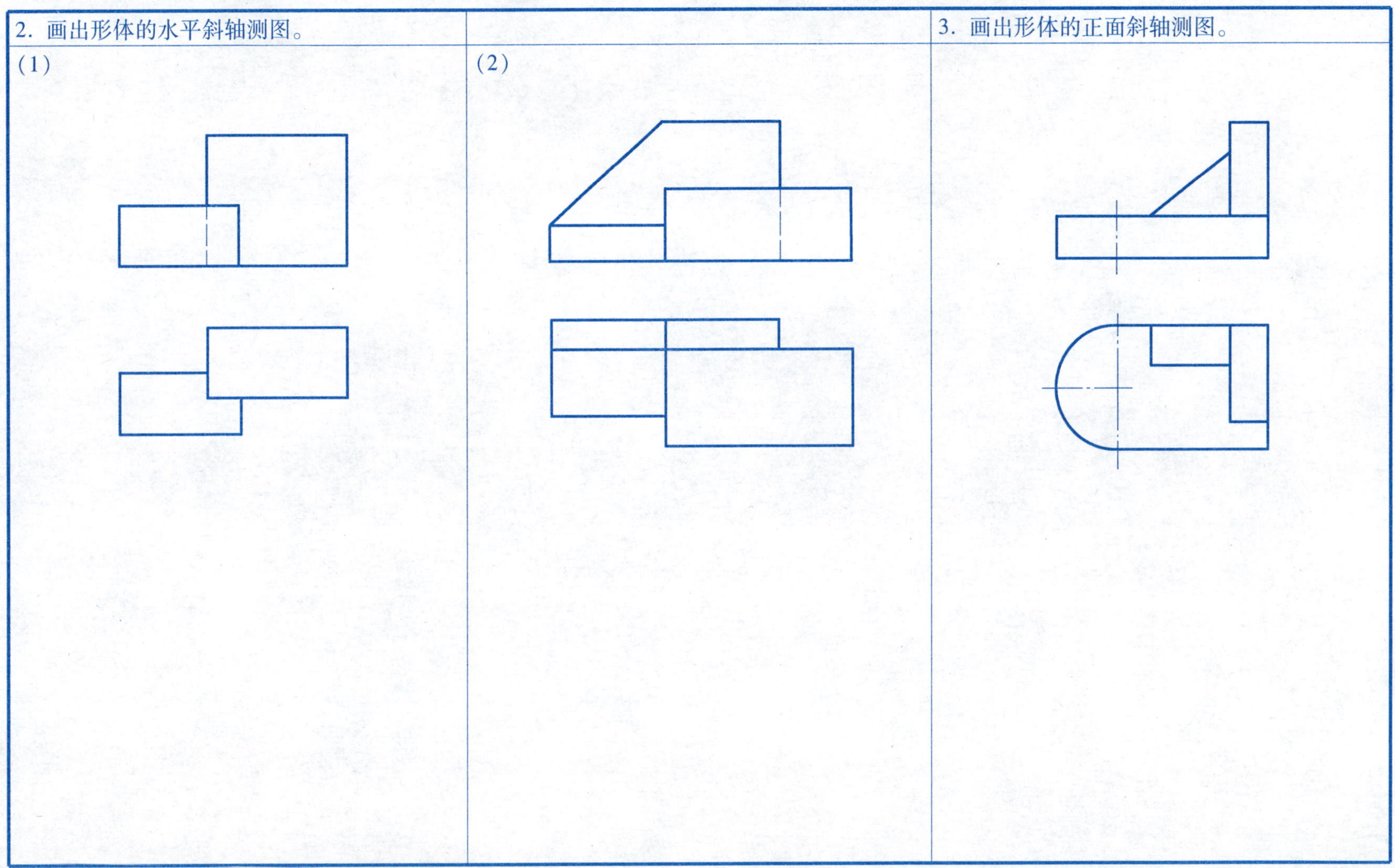

班级　　　　姓名　　　　学号

3-3　作透视图。

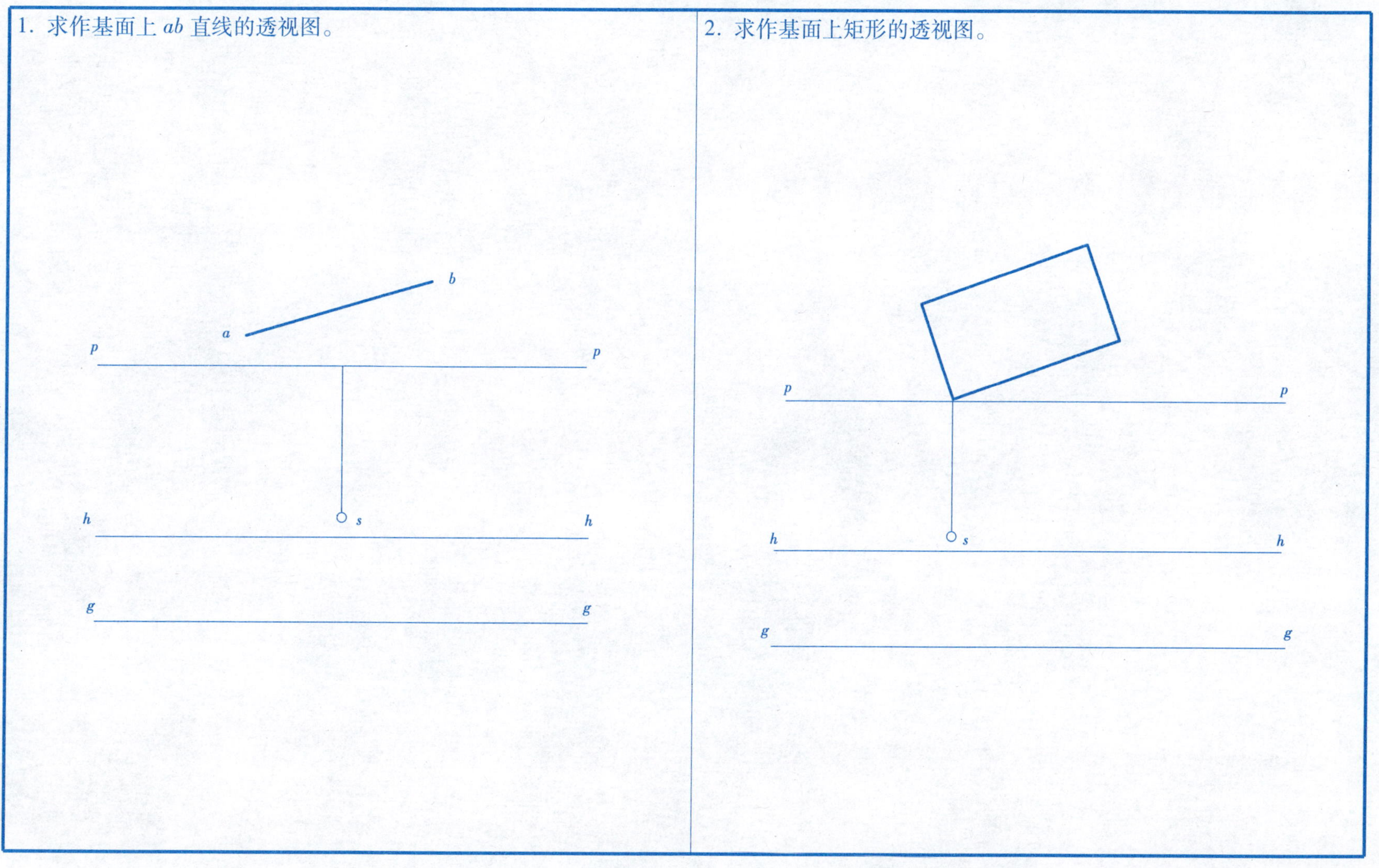

班级　　　　姓名　　　　学号

3-3　**作透视图。**

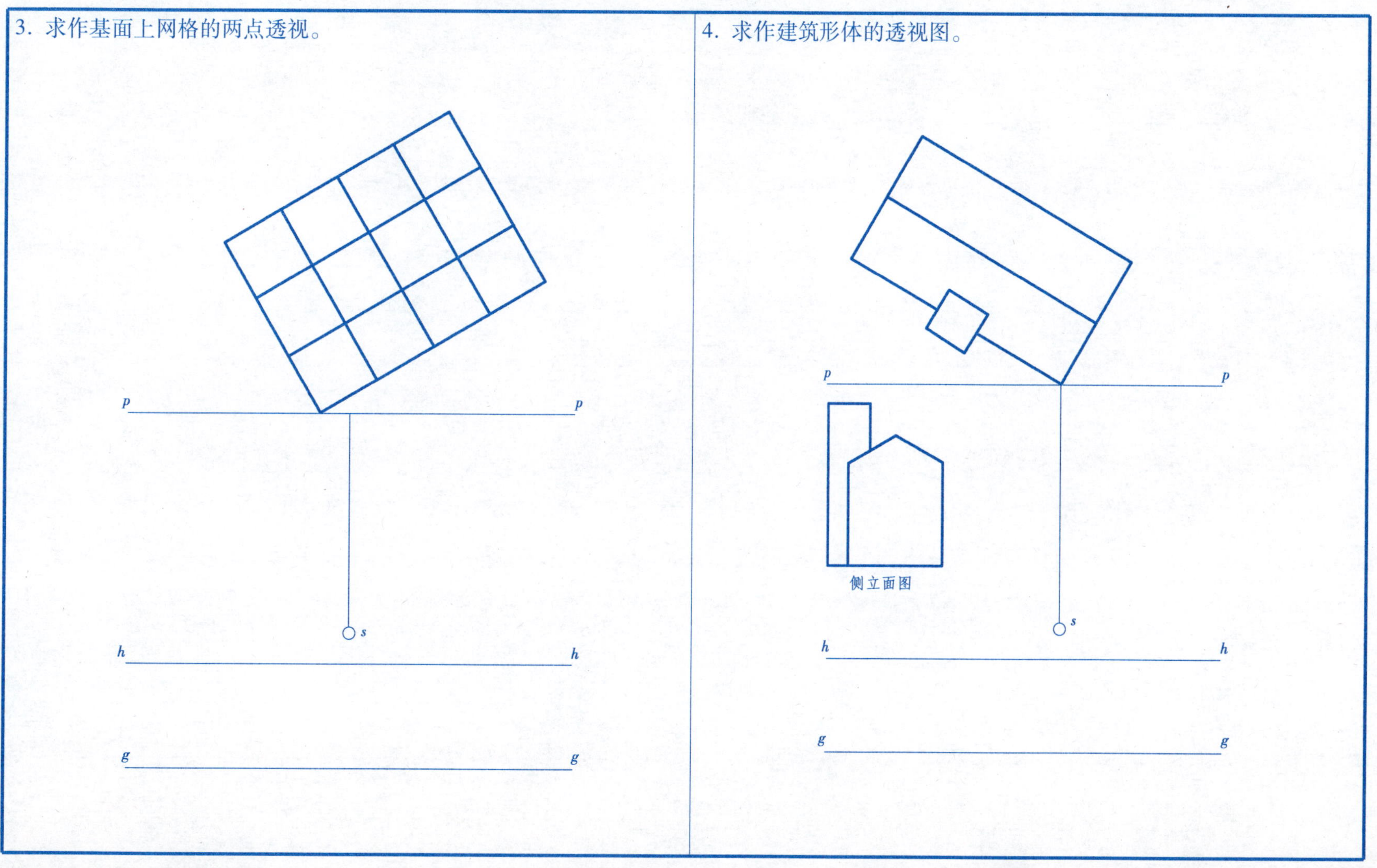

班级　　　　姓名　　　　学号

3-3 **作透视图。**

5. 作台阶的透视图。

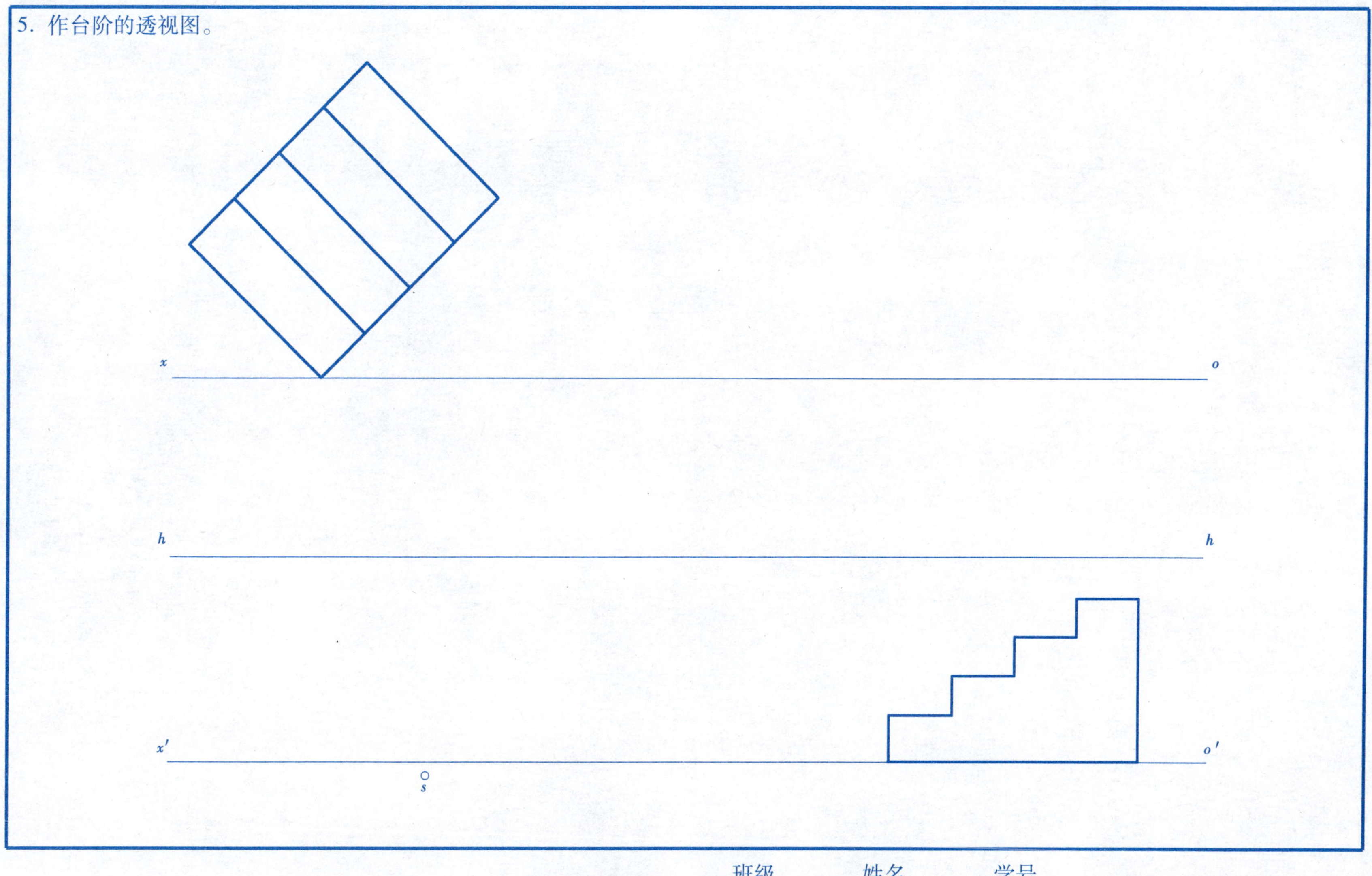

班级　　　　姓名　　　　学号

3-3 作透视图。

6. 作纪念碑的透视图。

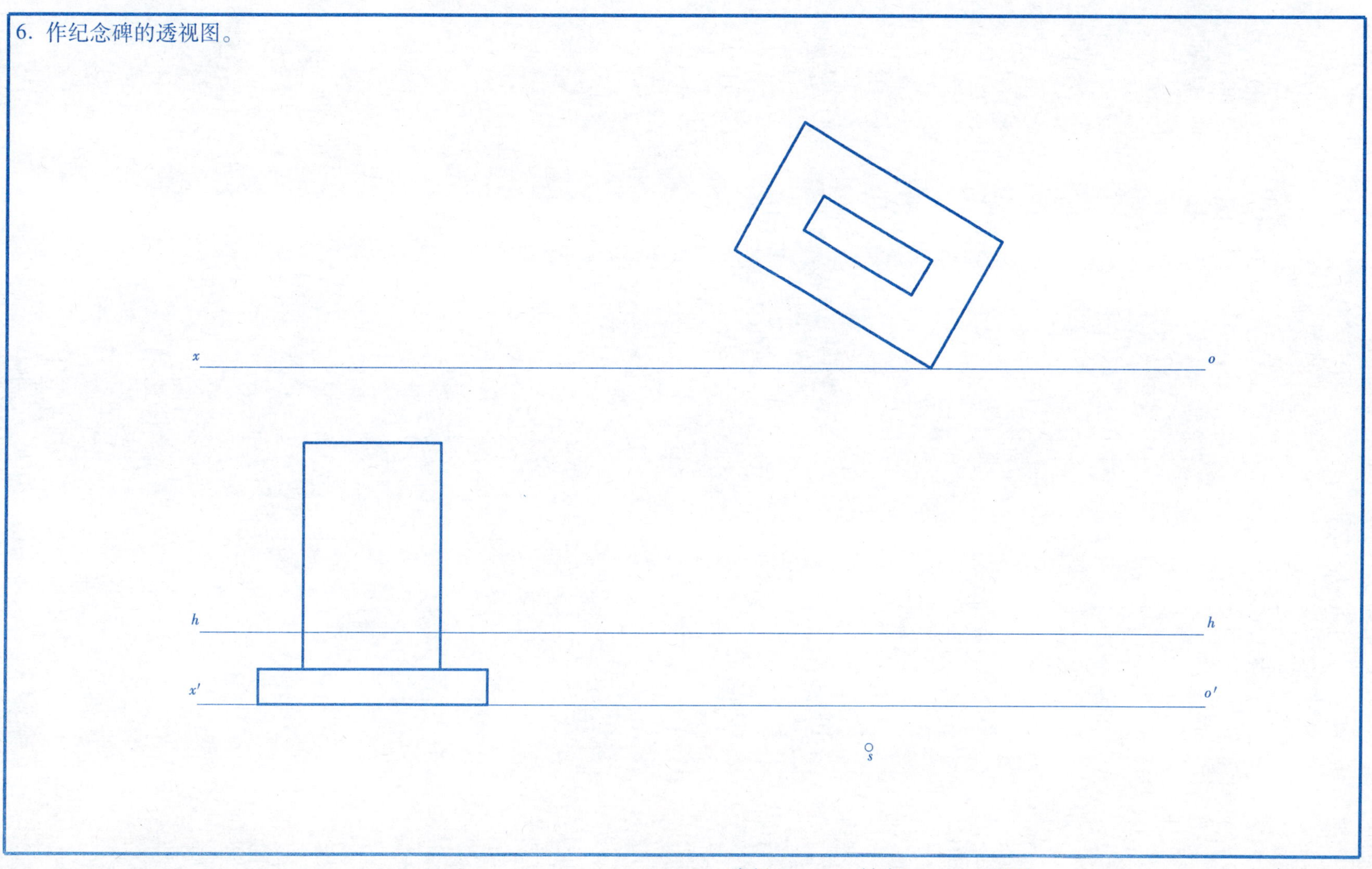

班级 姓名 学号

第四章　建筑形体表达方法

4-1　画剖面图。

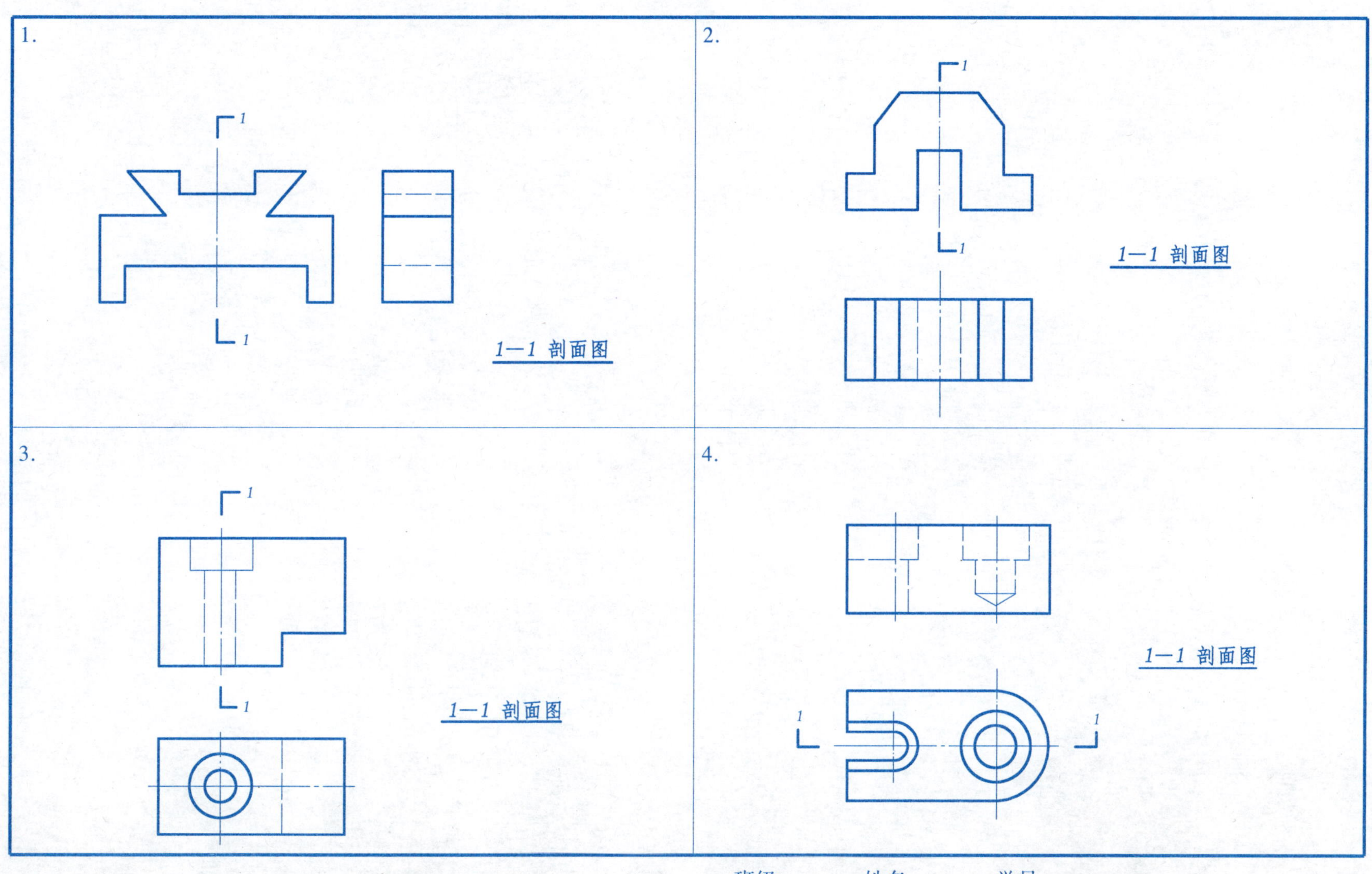

班级　　　　姓名　　　　学号

4-1　画剖面图。

5. 补画*1—1*、*2—2* 剖面图。

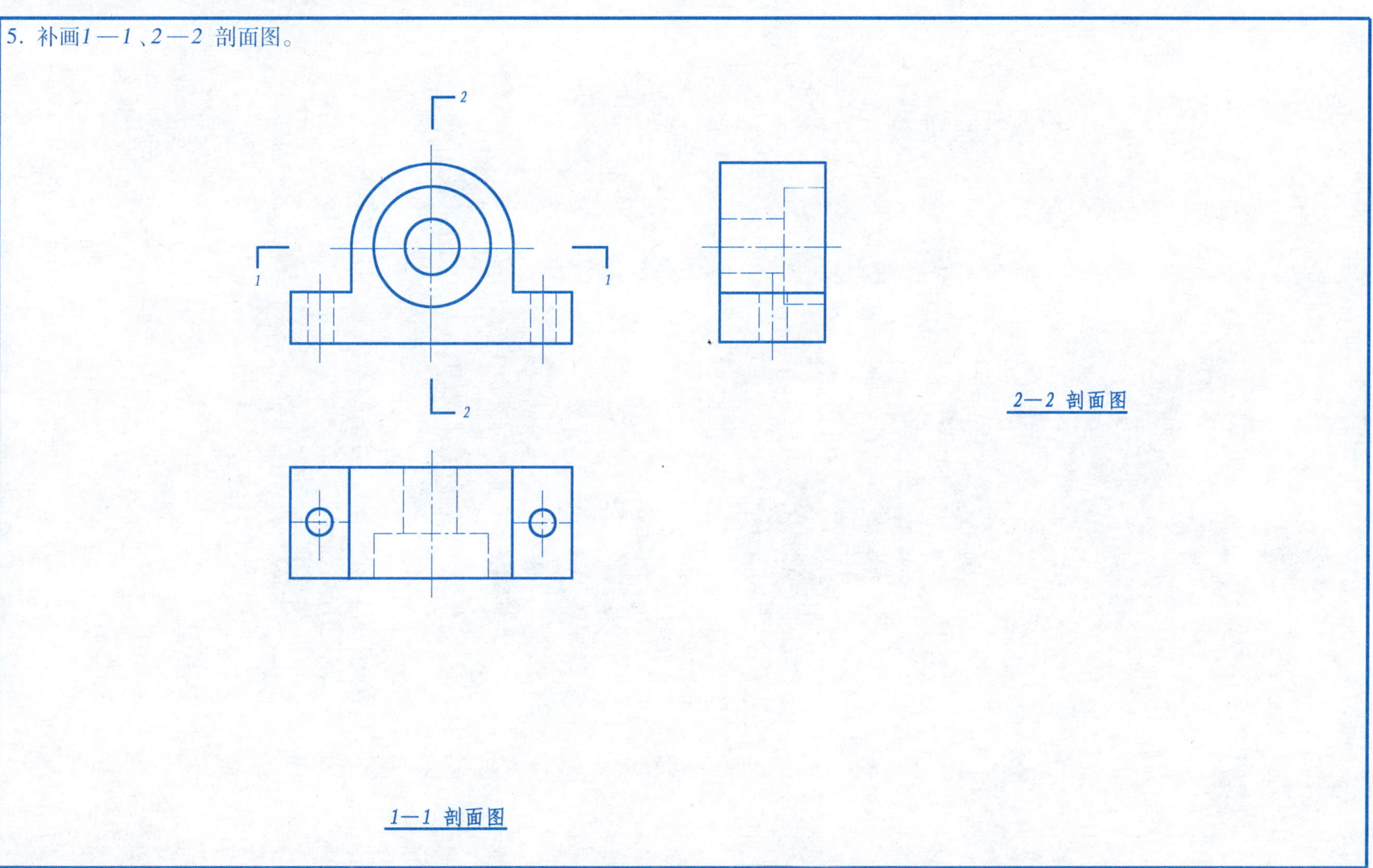

班级　　　　姓名　　　　学号

4-1　**画剖面图。**

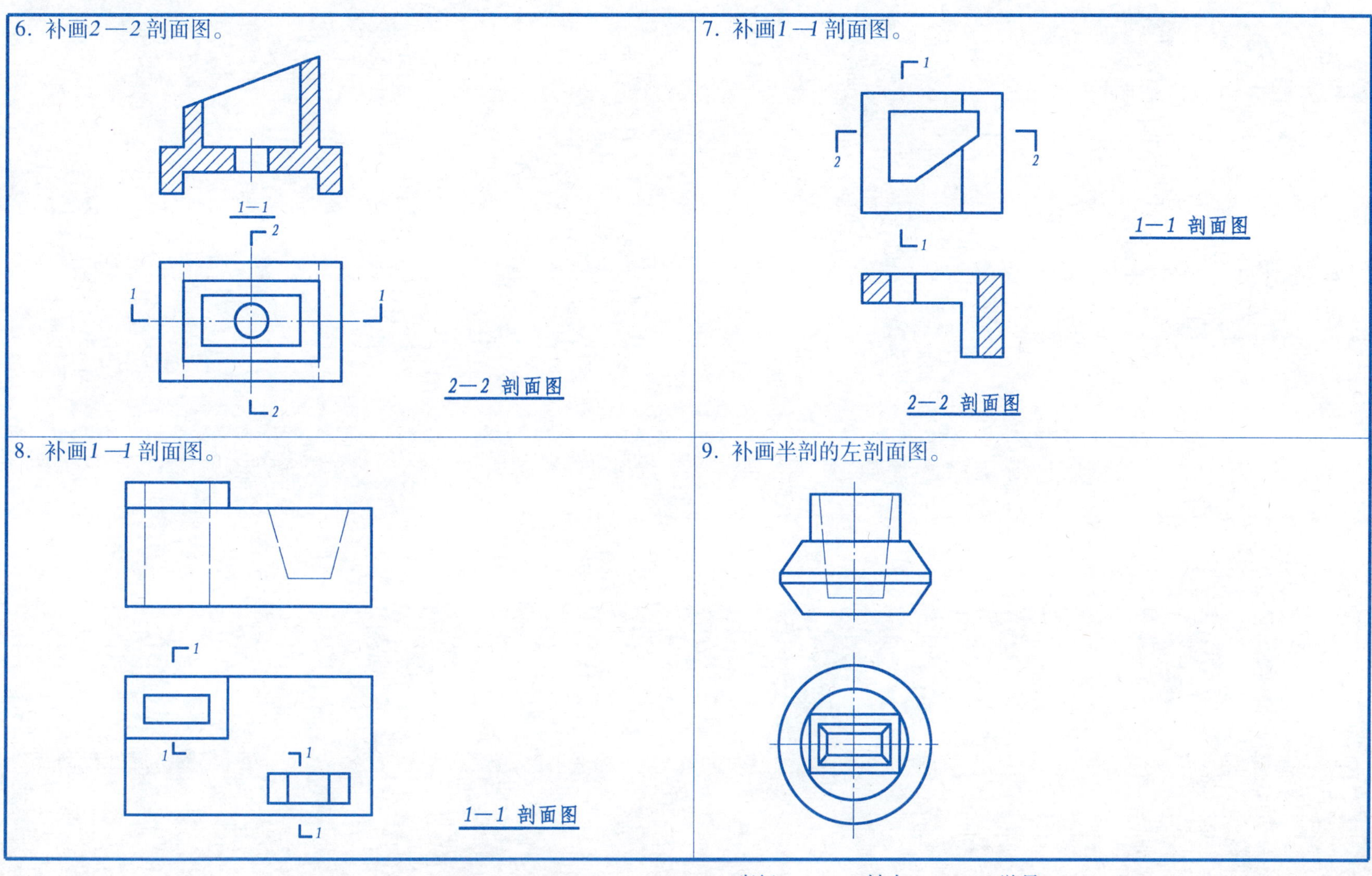

班级　　　　姓名　　　　学号

4-1 **画剖面图。**

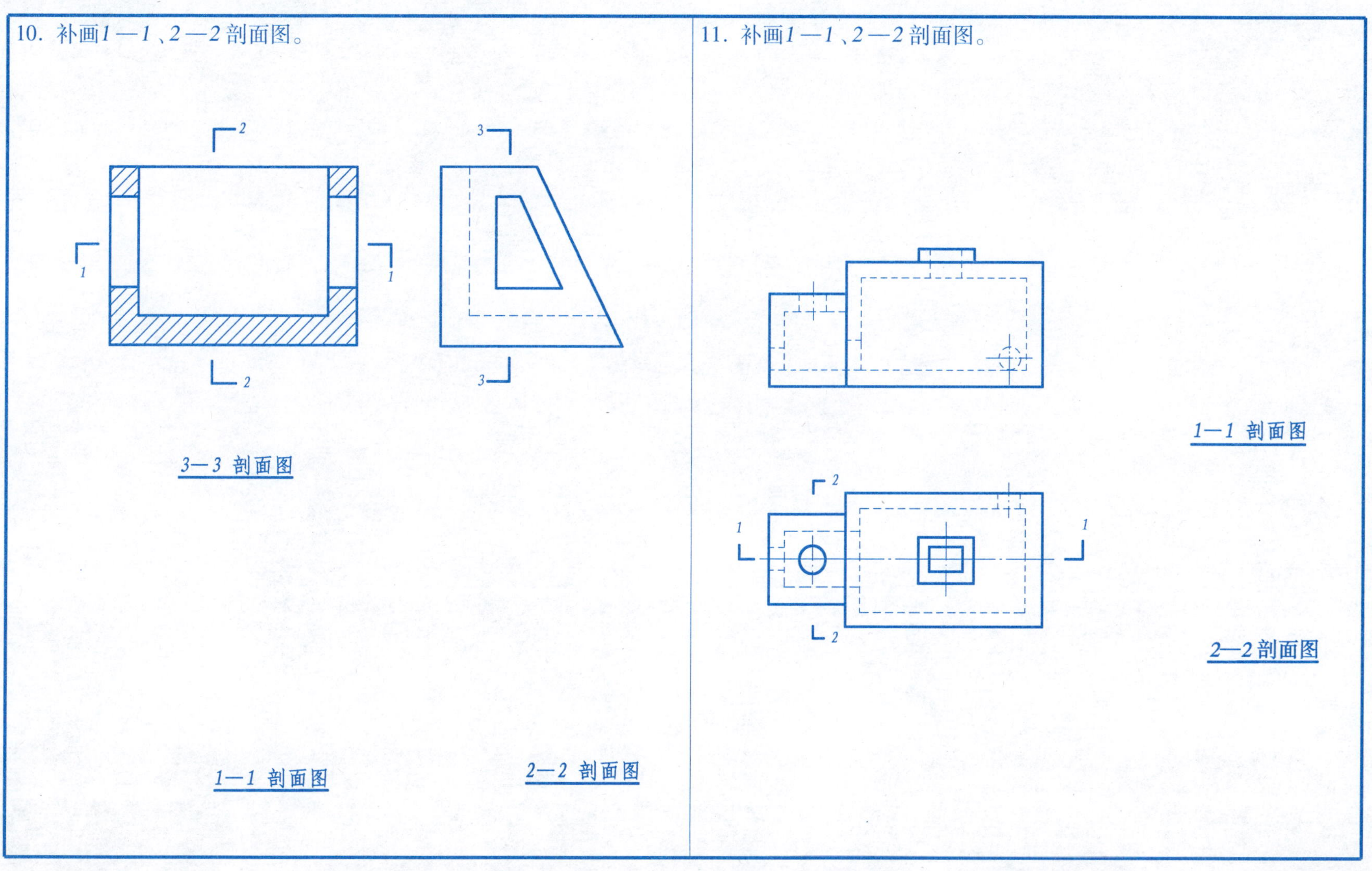

班级　　姓名　　学号

4-1　**画剖面图。**

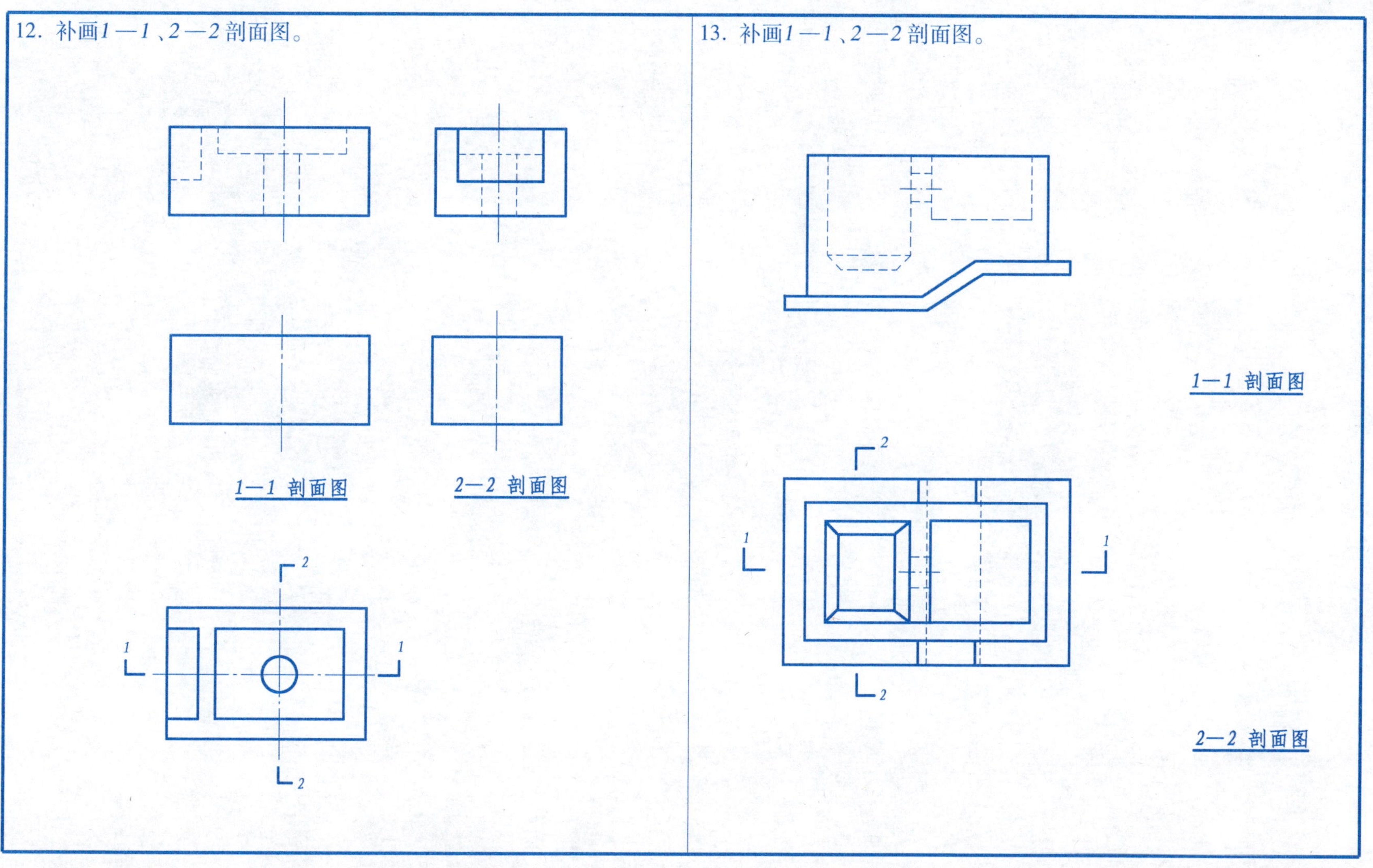

班级　　　　姓名　　　　学号

4-1　**画剖面图。**

14. 补画建筑模型的1—1、2—2剖面图。

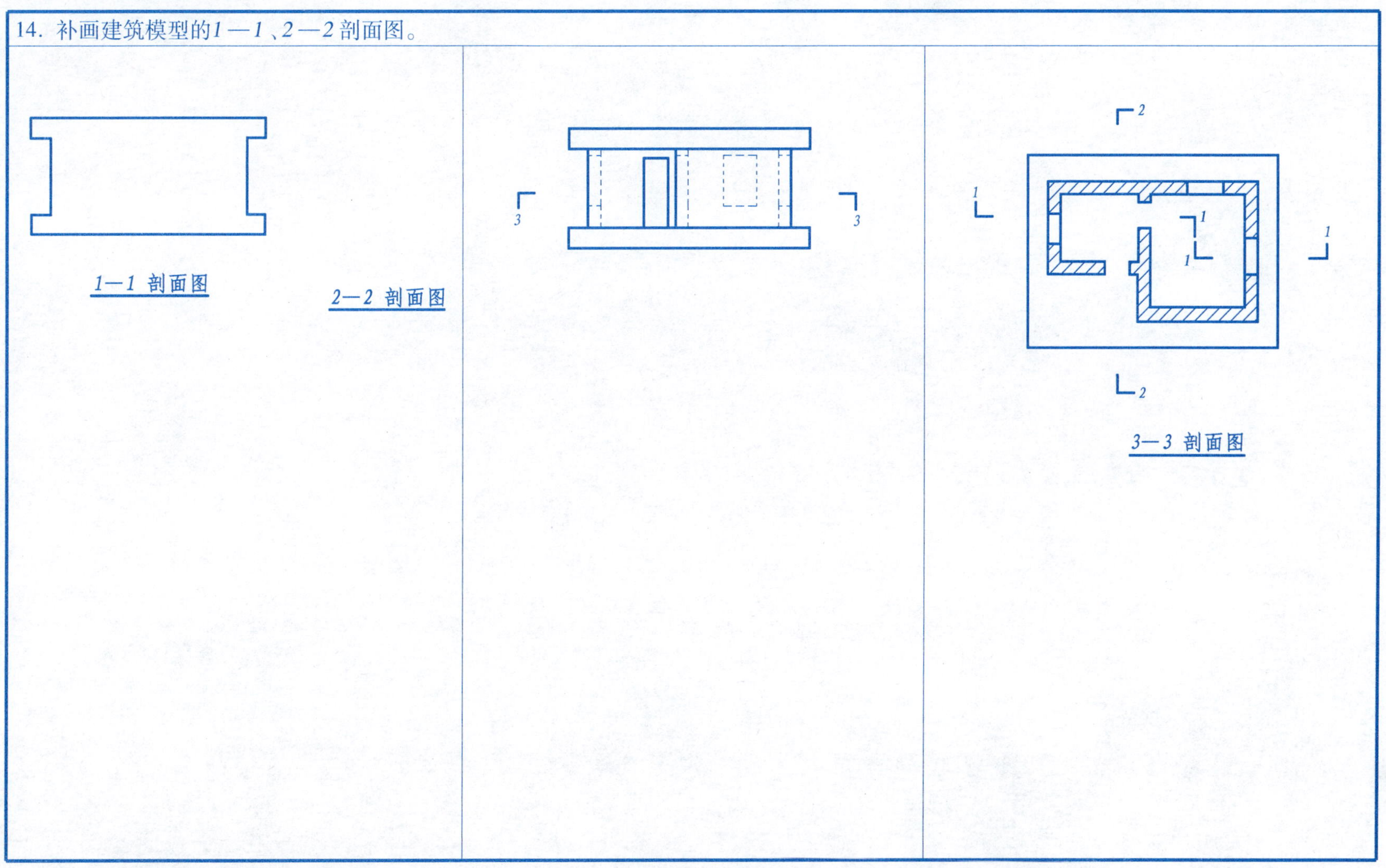

班级　　　　姓名　　　　学号

4-1　画剖面图。

15. 补画建筑模型的1—1、2—2、3—3剖面图。

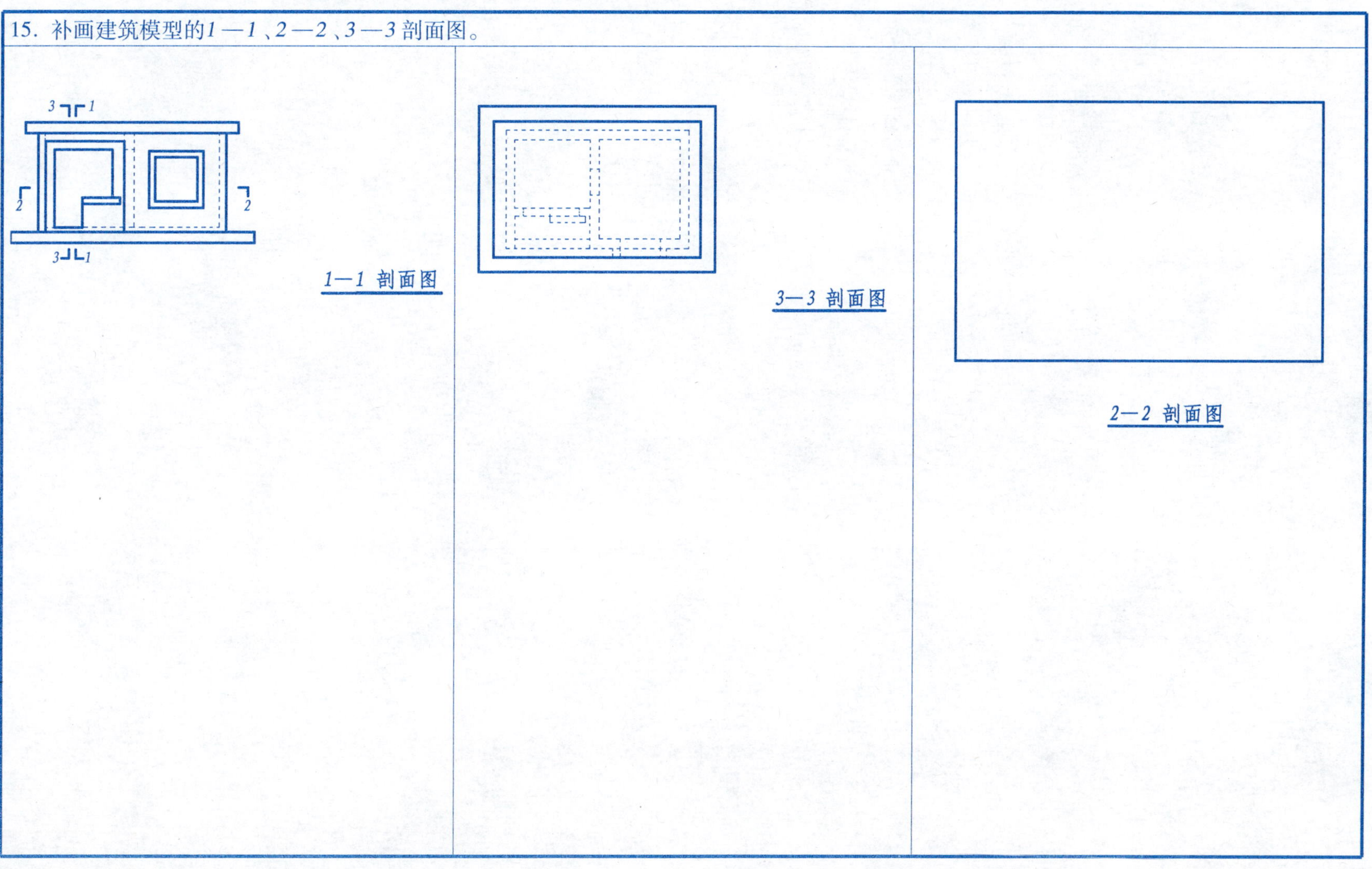

班级　　　　姓名　　　　学号

4-1 **画剖面图。**

16. 补画建筑模型的背立面图、右侧立面图、2—2 剖面图。

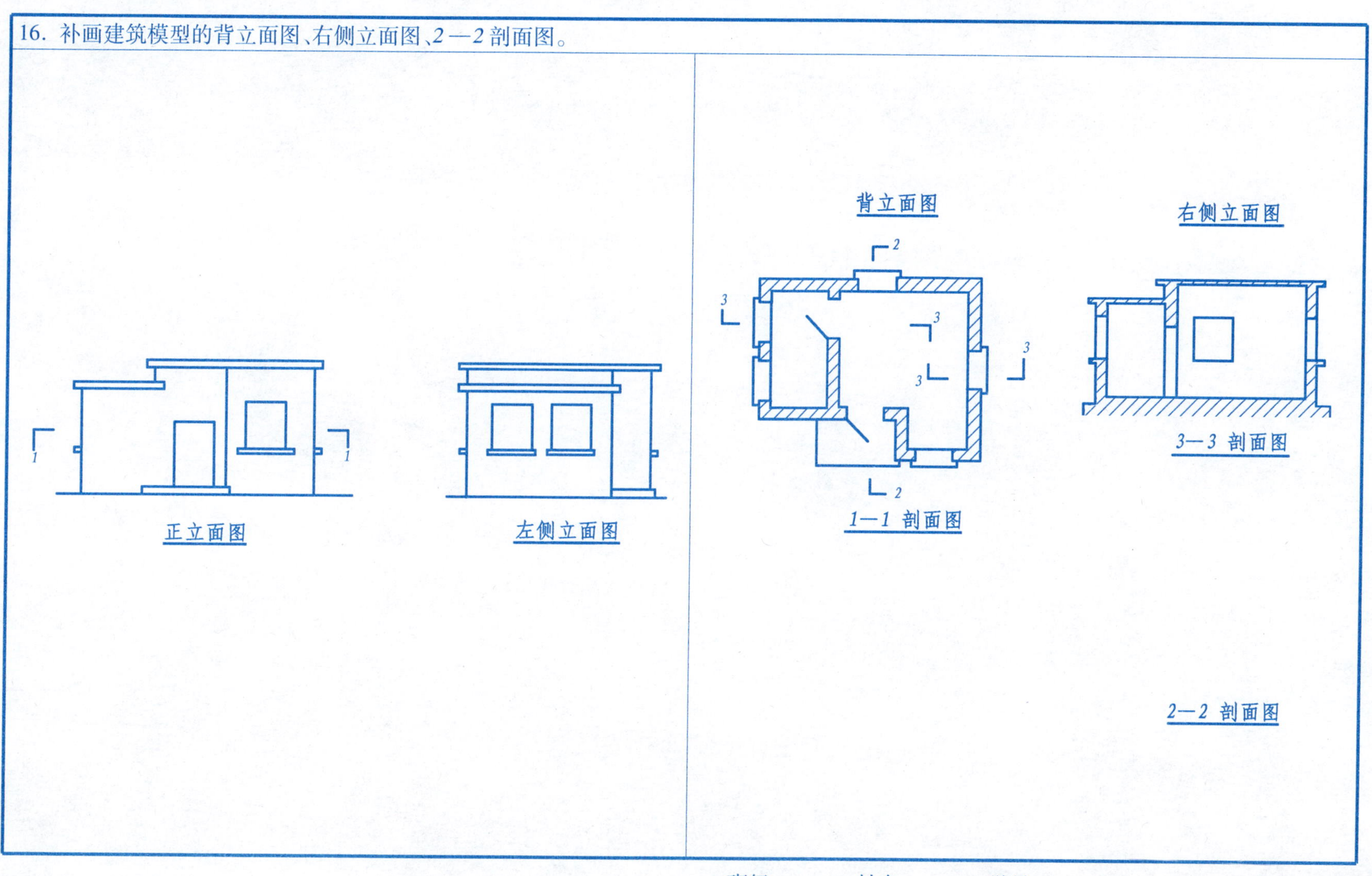

班级　　　　姓名　　　　学号

4-1　画剖面图。

17. 补画建筑模型的1—1 剖面图。

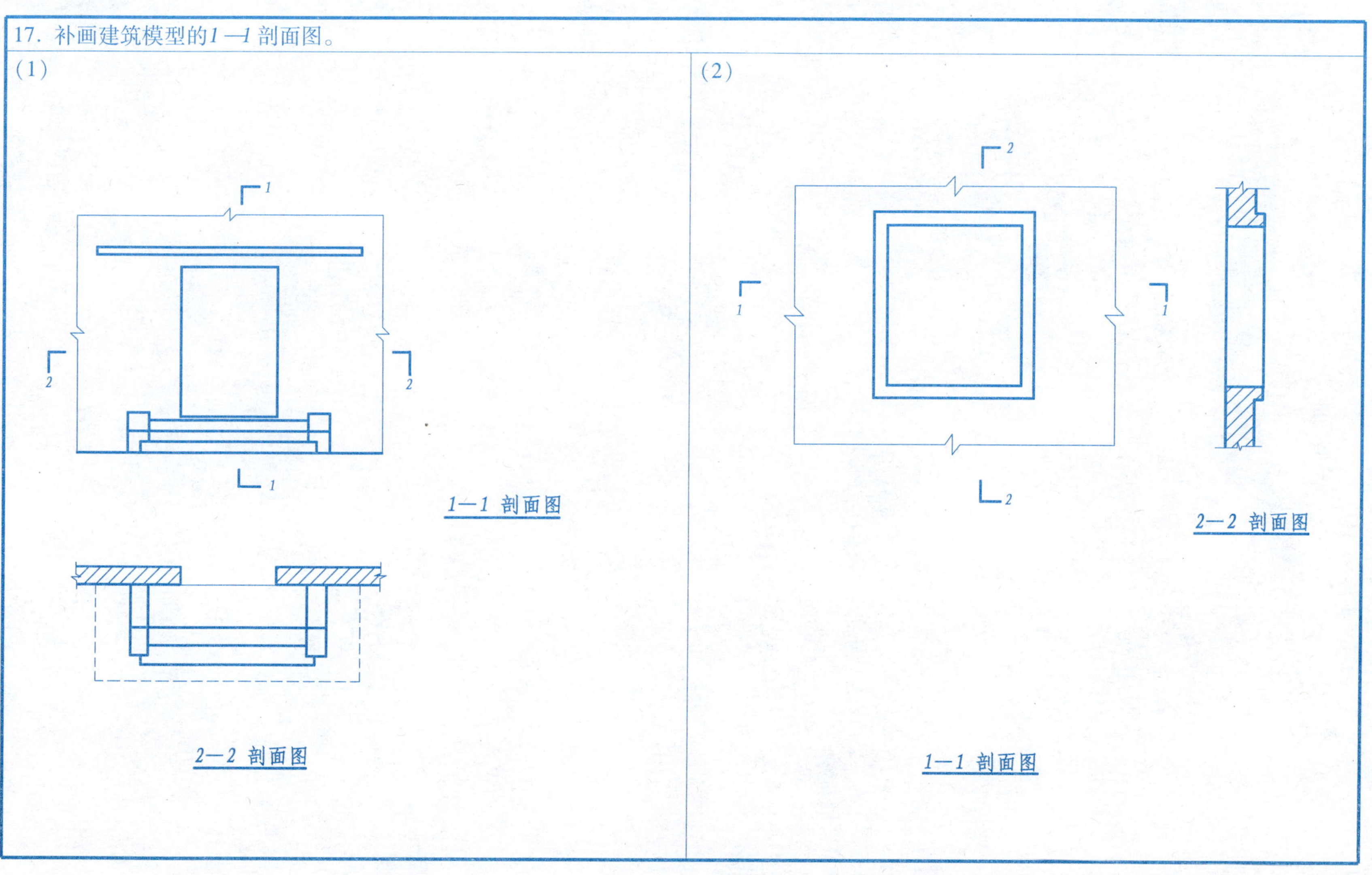

班级　　　　姓名　　　　学号

4-1 画剖面图。

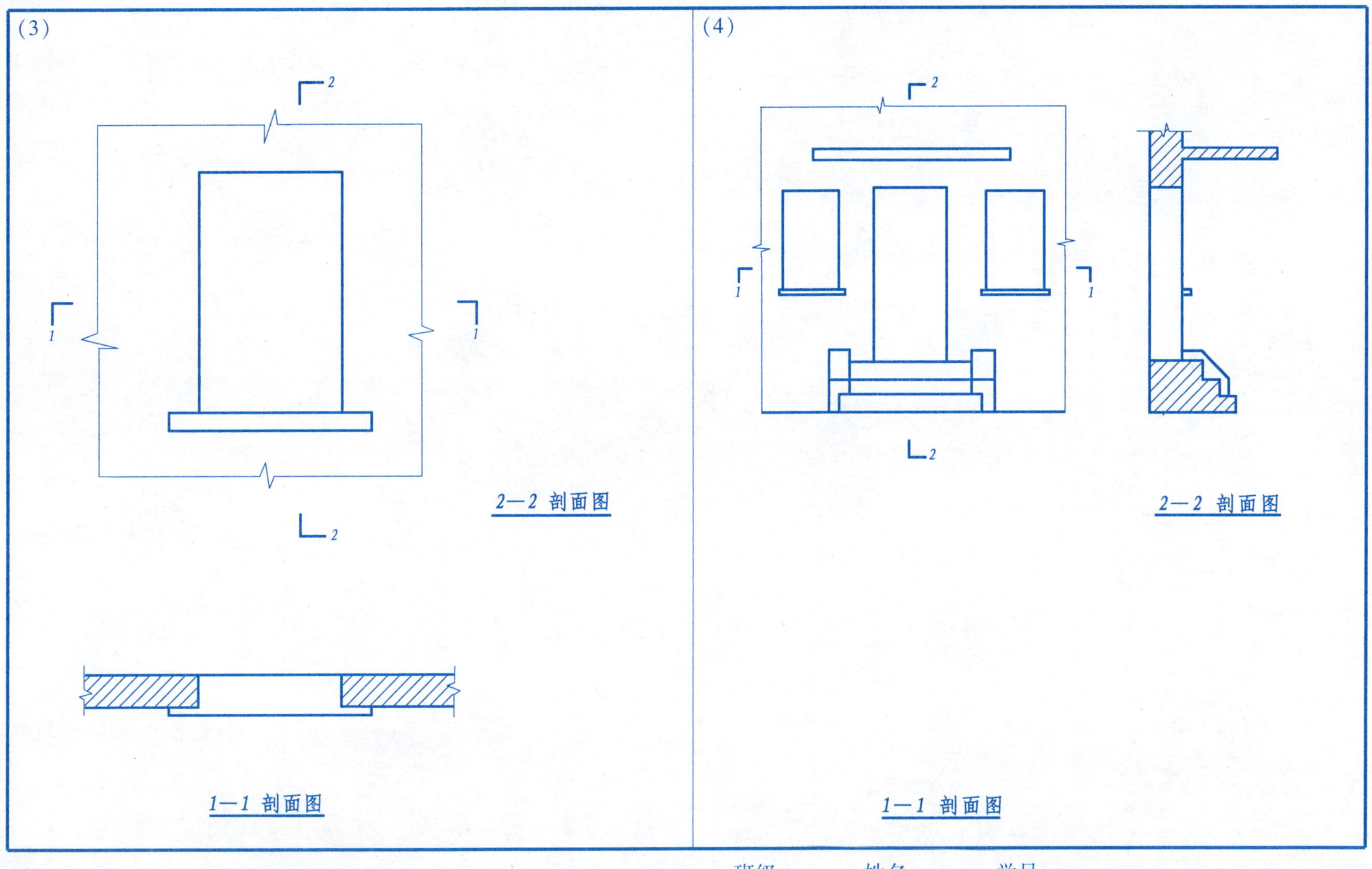

班级 姓名 学号

4-1　**画剖面图。**

18. 补画建筑模型的1—1剖面图。

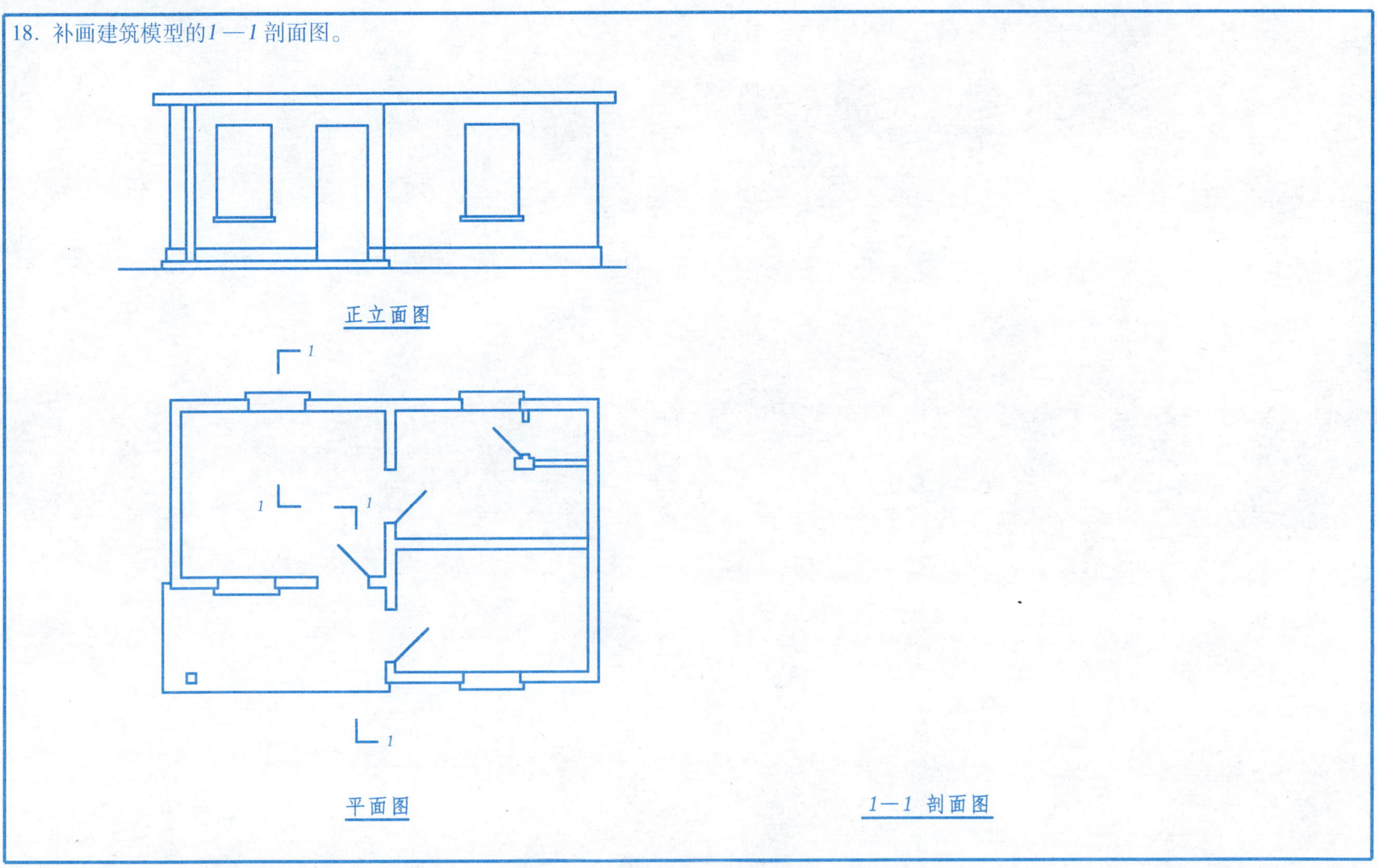

正立面图

平面图

1—1 剖面图

班级　　　　姓名　　　　学号

4-2　**画断面图。**

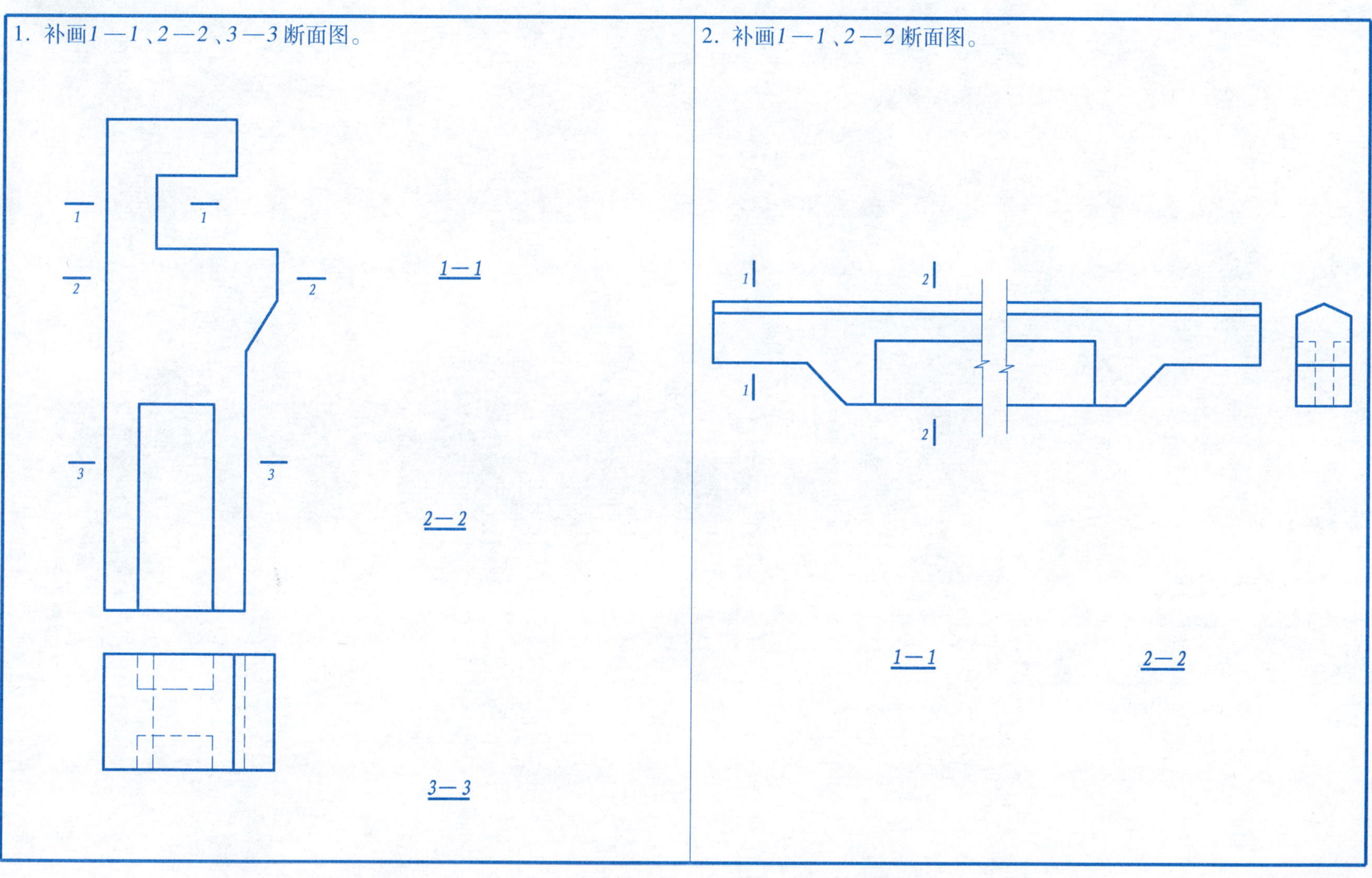

班级　　　　　姓名　　　　　学号

4-2　画断面图。

3. 补画*1—1*、*2—2*、*3—3*断面图或剖面图，并标注名称。

（1）

（2）

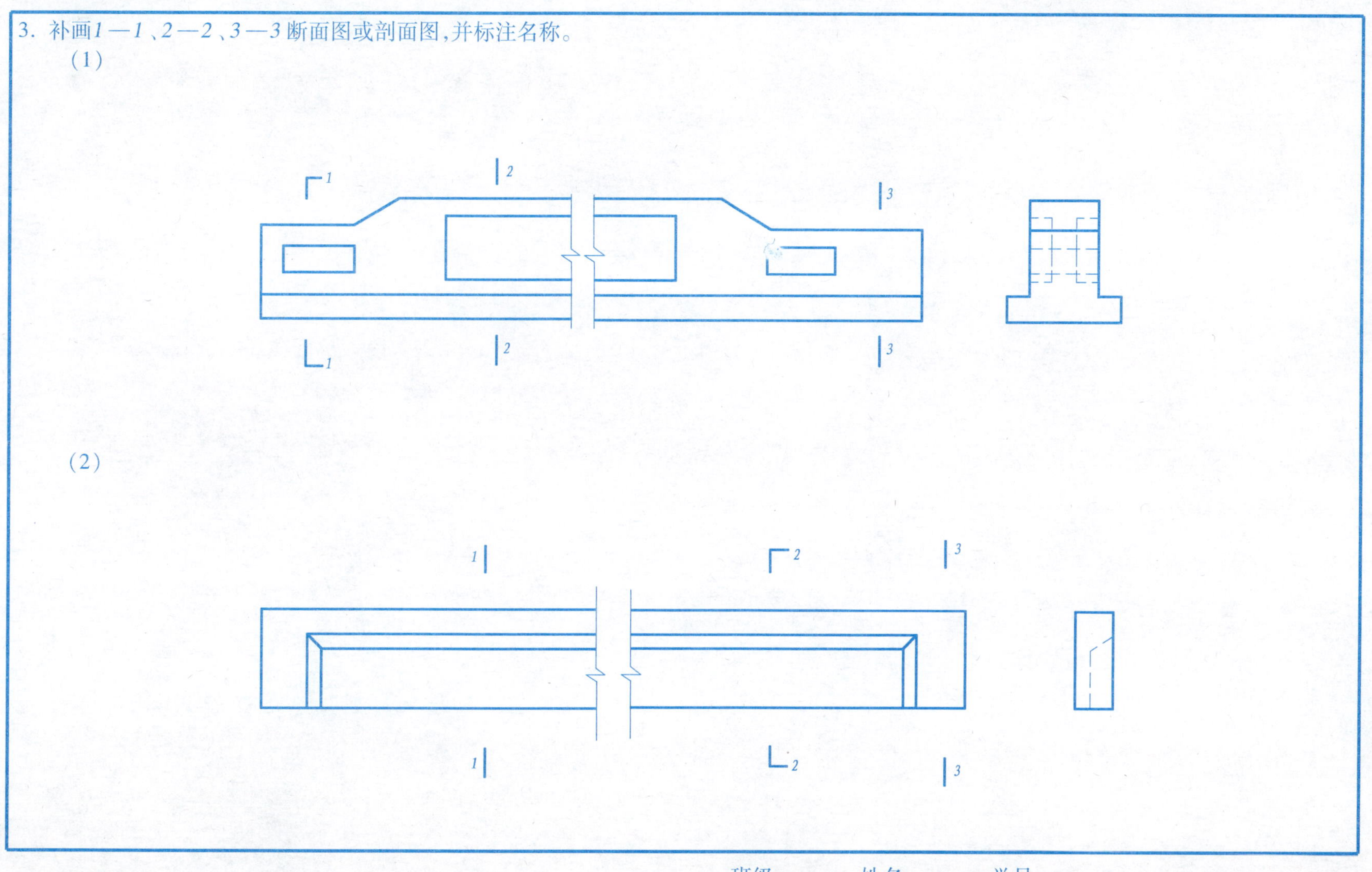

班级　　　　姓名　　　　学号

4-2　**画断面图。**

4．补画1—1、2—2、3—3断面图或剖面图，并标注名称。

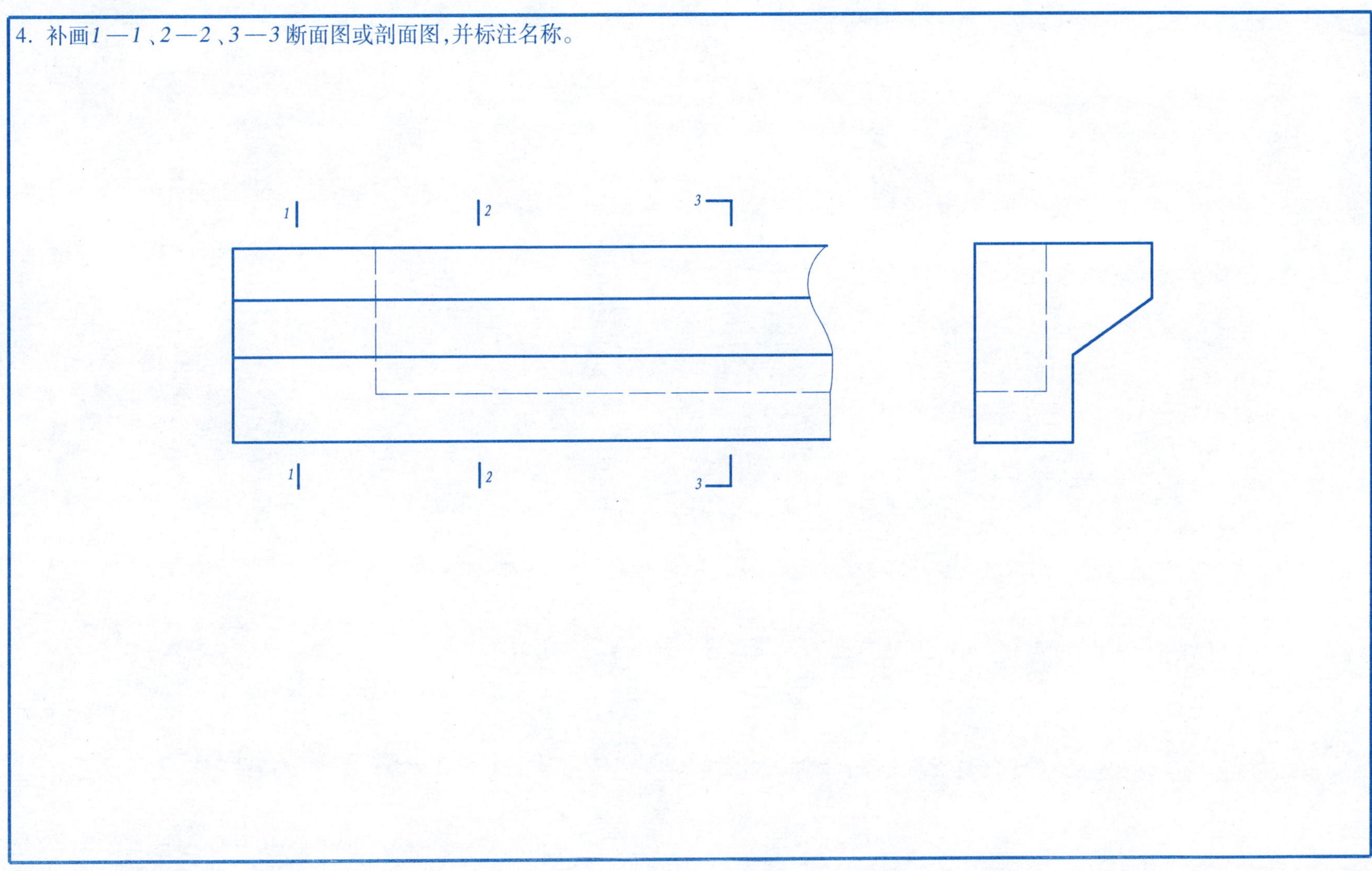

班级　　　　姓名　　　　学号

4-3 写出下列图例或符号的名称。

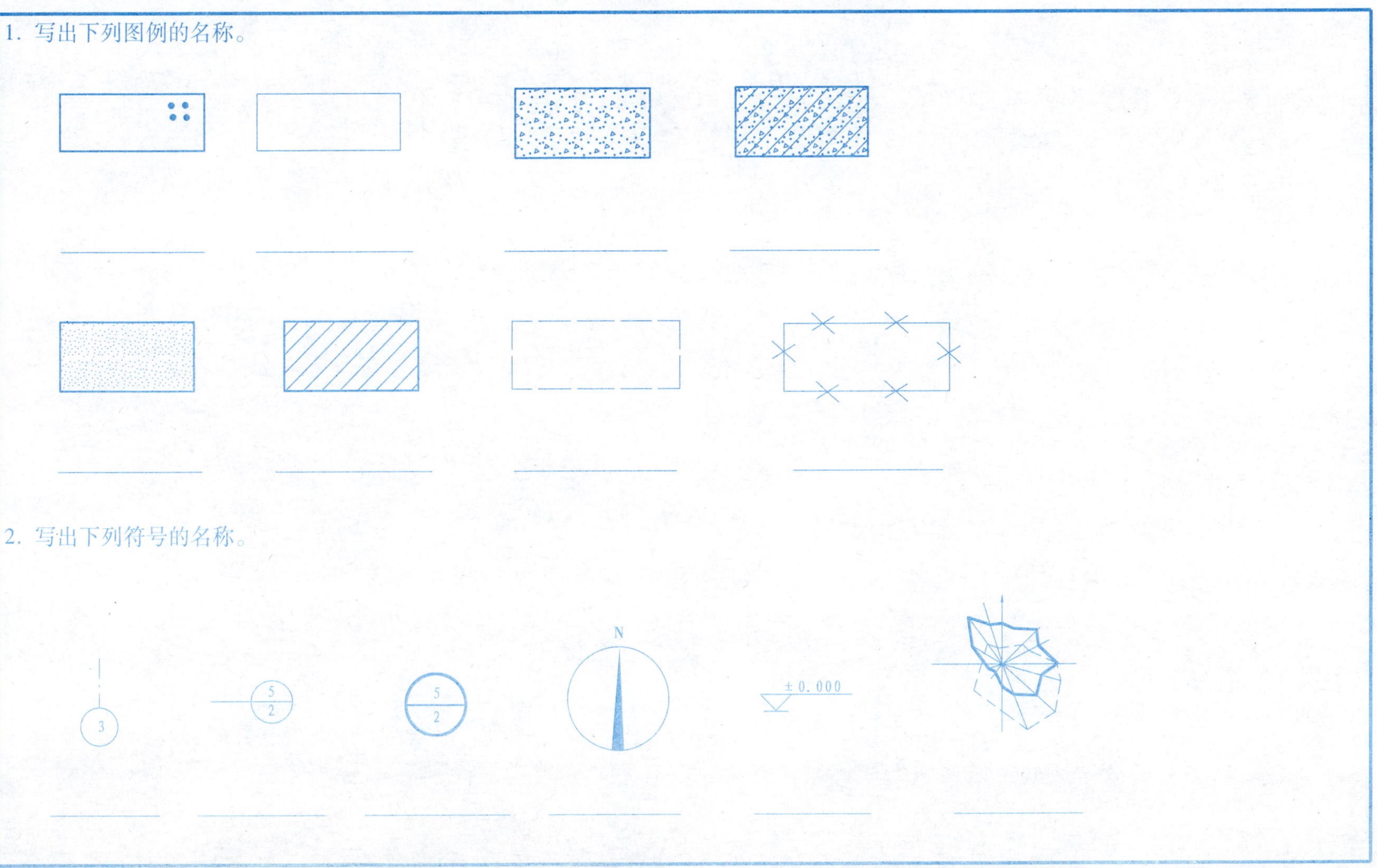

班级 姓名 学号

4-4　用第三角投影法画出下列形体的三面投影(尺寸可从图中直接量取并取整)。

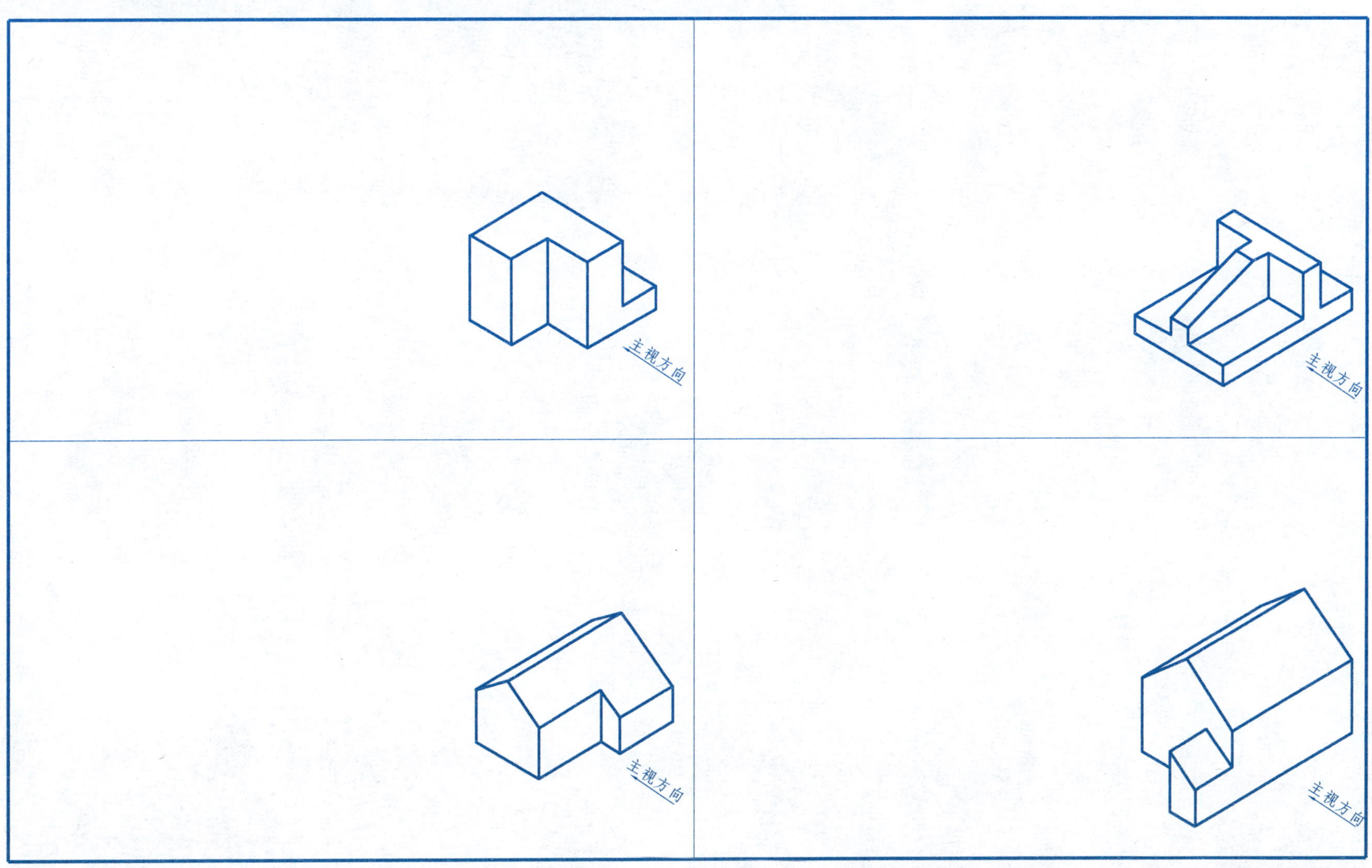

班级　　　　姓名　　　　学号

第五章　建筑施工图

5-1　按图示比例抄画建筑平面图，不标注尺寸。

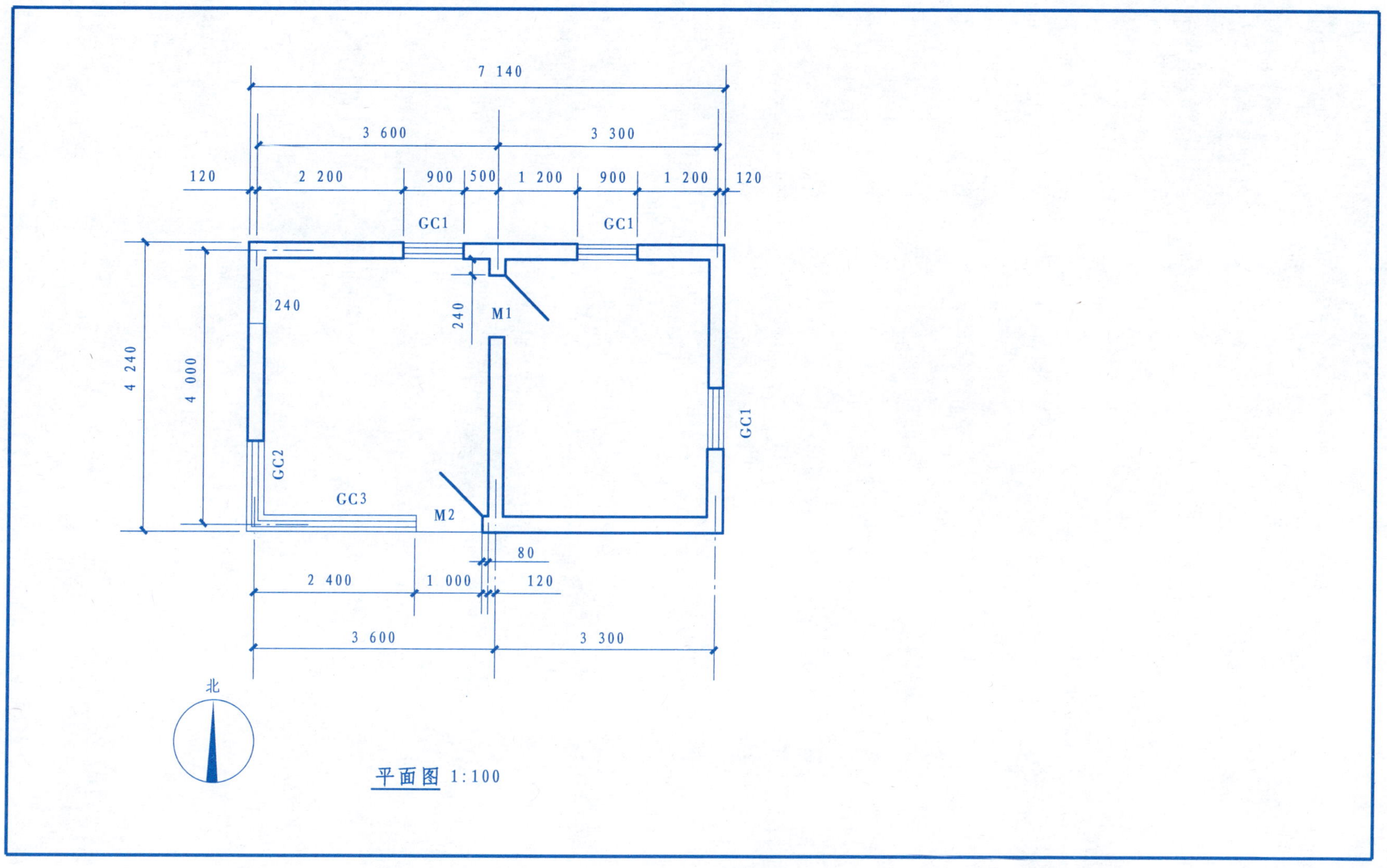

班级　　　　姓名　　　　学号

5-1　按图示比例抄画建筑平面图。

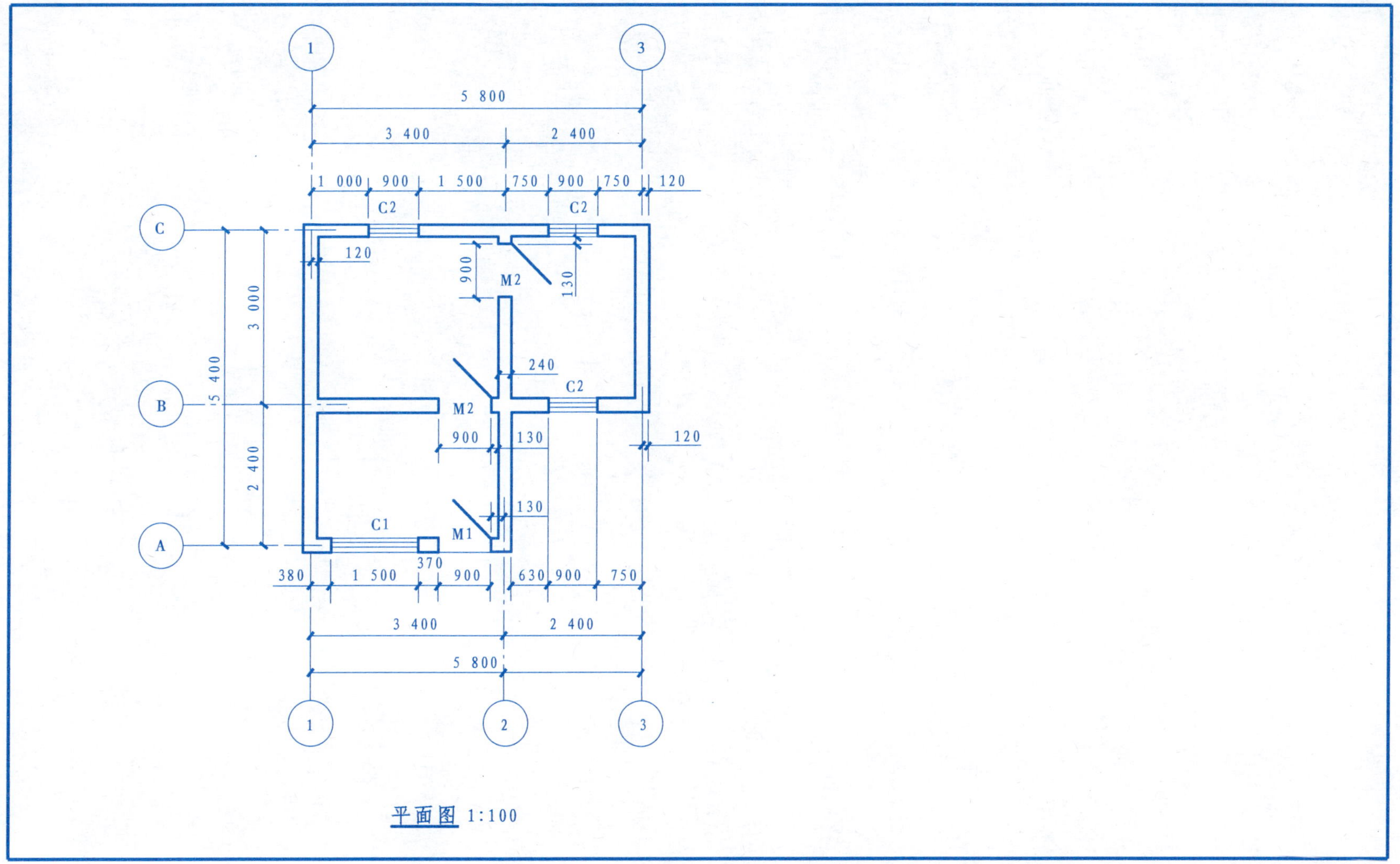

班级　　　　姓名　　　　学号

5-1　在 A3 图纸上用 1∶100 比例抄画房屋的建筑施工图，并标注尺寸。

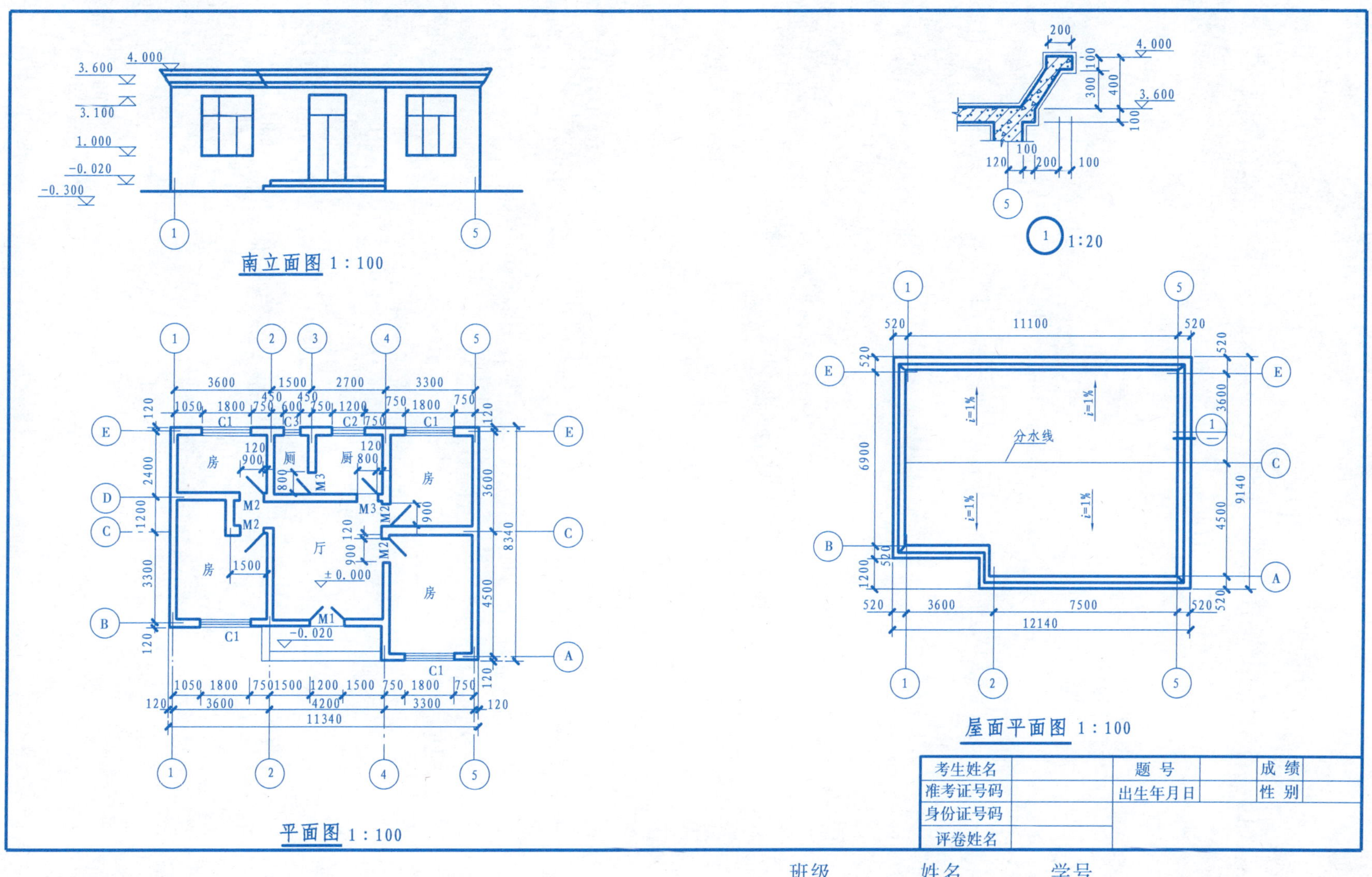

5-1　在 A3 图纸上用 1:100 比例抄画房屋的建筑施工图，并标注尺寸。

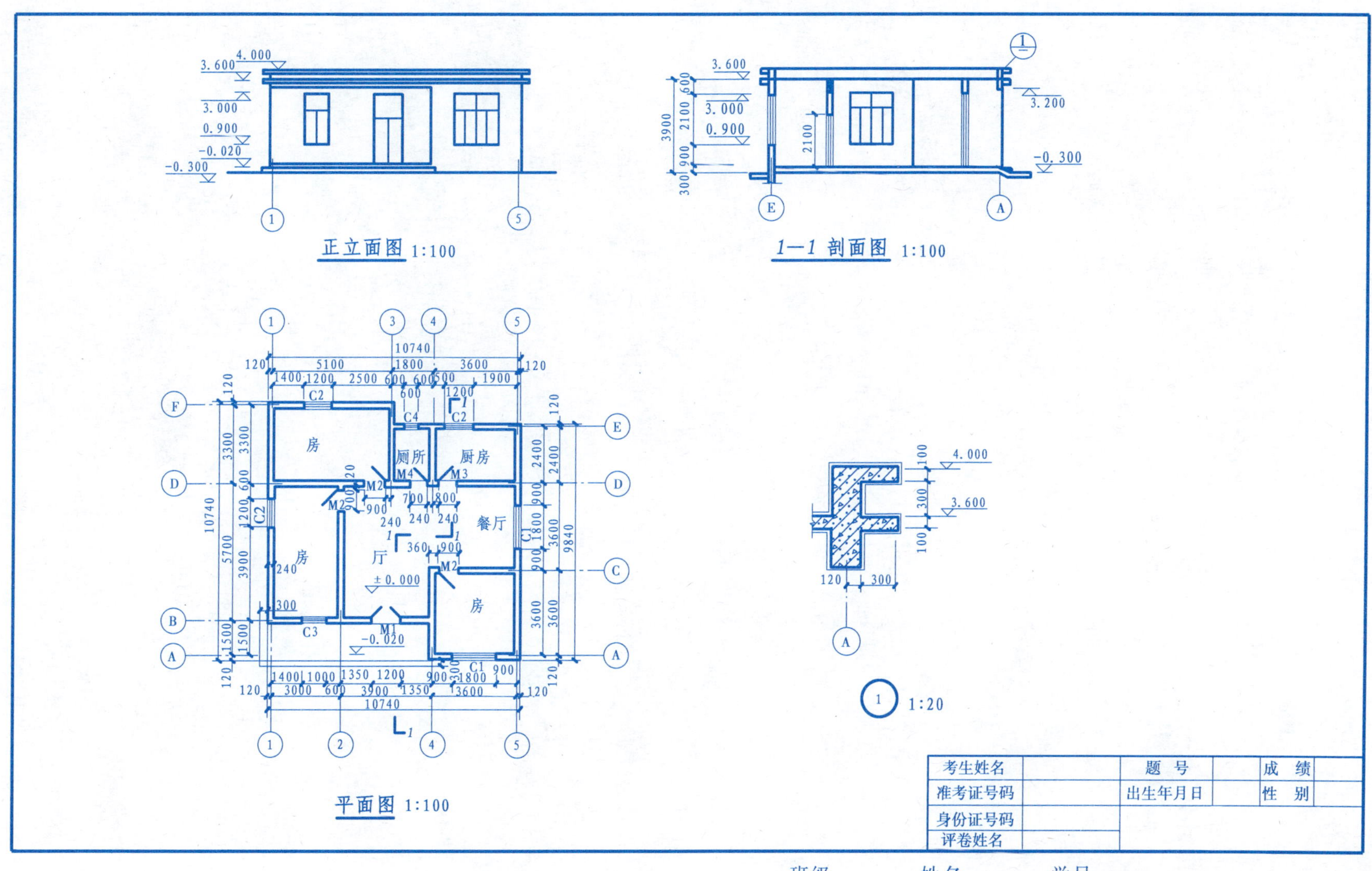

班级　　　　姓名　　　　学号

5-1 用 A3 图纸按图示比例抄画房屋的建筑施工图，并标注尺寸。

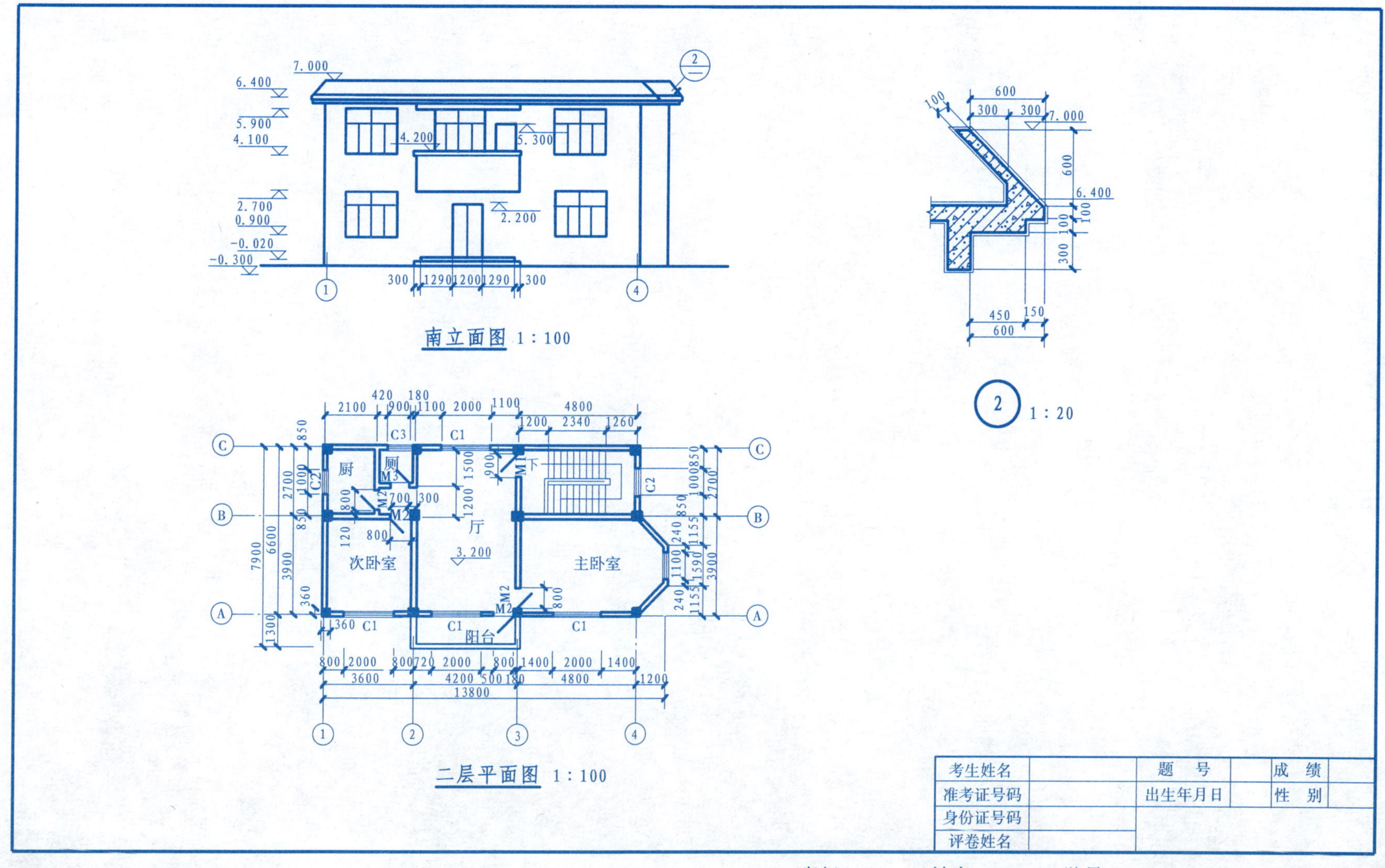

考生姓名		题　号		成　绩	
准考证号码		出生年月日		性　别	
身份证号码					
评卷姓名					

班级　　　　姓名　　　　学号

5-2　完成建筑施工图。

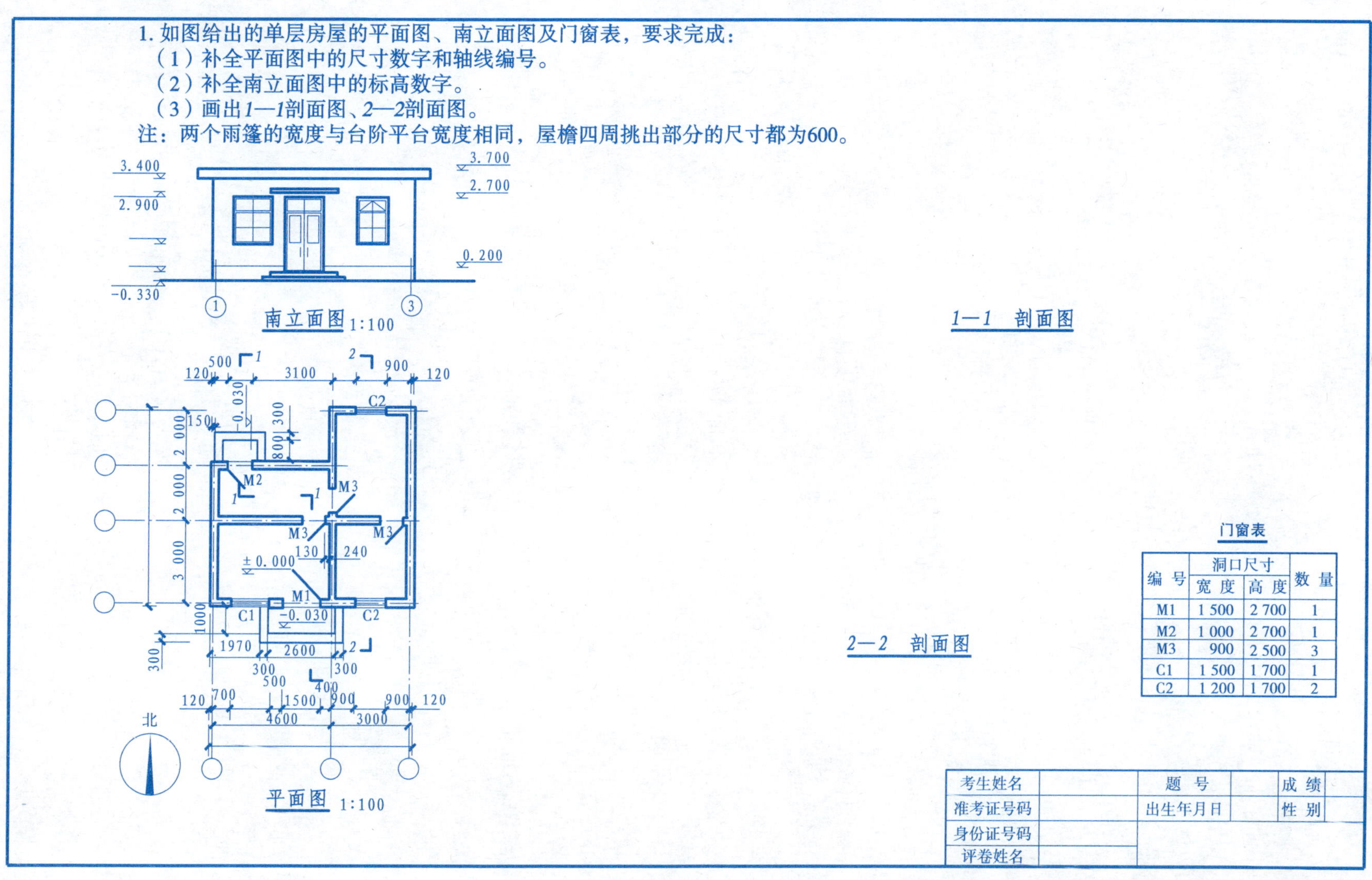

1. 如图给出的单层房屋的平面图、南立面图及门窗表，要求完成：

（1）补全平面图中的尺寸数字和轴线编号。

（2）补全南立面图中的标高数字。

（3）画出1—1剖面图、2—2剖面图。

注：两个雨篷的宽度与台阶平台宽度相同，屋檐四周挑出部分的尺寸都为600。

门窗表

编号	洞口尺寸		数量
	宽度	高度	
M1	1 500	2 700	1
M2	1 000	2 700	1
M3	900	2 500	3
C1	1 500	1 700	1
C2	1 200	1 700	2

考生姓名		题号		成绩	
准考证号码		出生年月日		性别	
身份证号码					
评卷姓名					

班级　　　　姓名　　　　学号

5-2　完成建筑施工图。

2.图示为一单层房屋，要求完成：

（1）补全平面图的尺寸数字、轴线编号和标高数字，并画出指北针。

（2）补全南立面图中的标高数字。

（3）画出1—1、2—2剖面图（雨篷宽度与台阶平台对齐）。

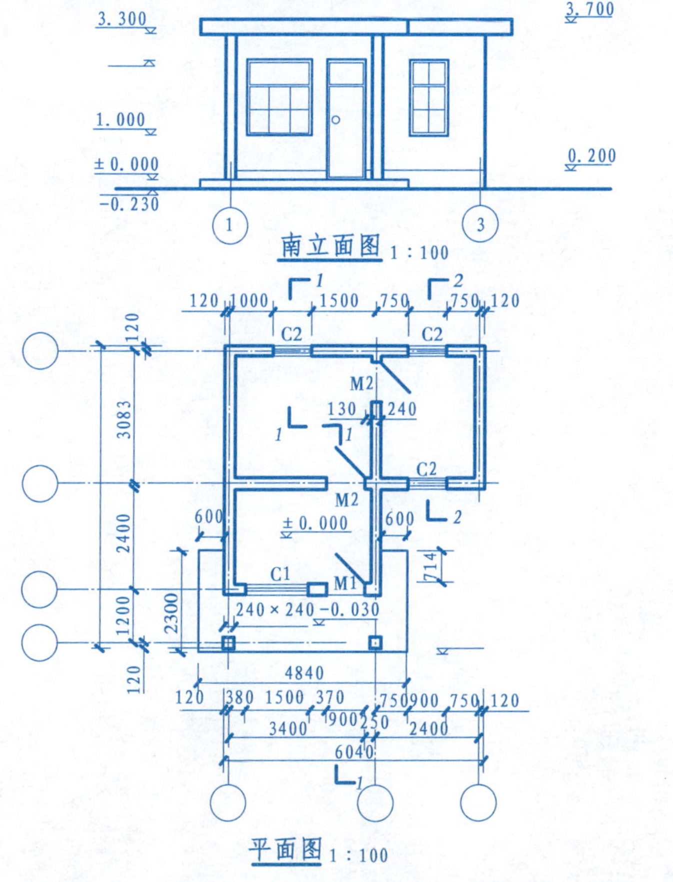

南立面图 1：100

平面图 1：100

1—1 剖面图

2—2 剖面图

门窗表

编号	洞口尺寸		数量
	宽度	高度	
M1	900	2 700	1
M2	900	2 500	2
C1	1 500	1 700	1
C2	900	1 700	3

班级　　　　姓名　　　　学号

5-2　完成建筑施工图。

3. 如图给出单层房屋的平面图、南立面图及门窗表，要求完成：

（1）补全平面图中的尺寸数字和轴线编号。

（2）补全南立面图中的标高数字。

（3）画出北立面图（雨篷宽度与台阶平台宽度相同）。

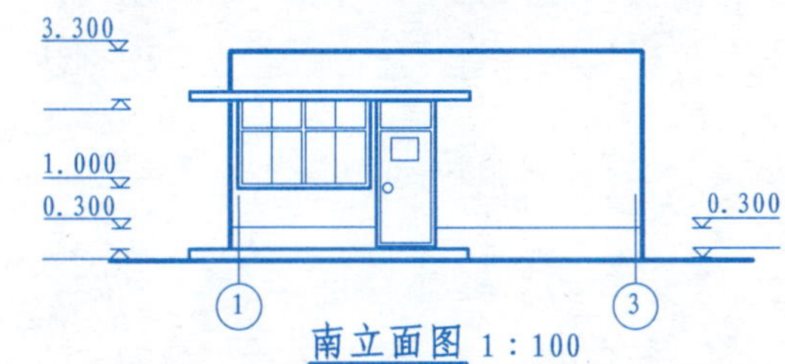

南立面图 1∶100

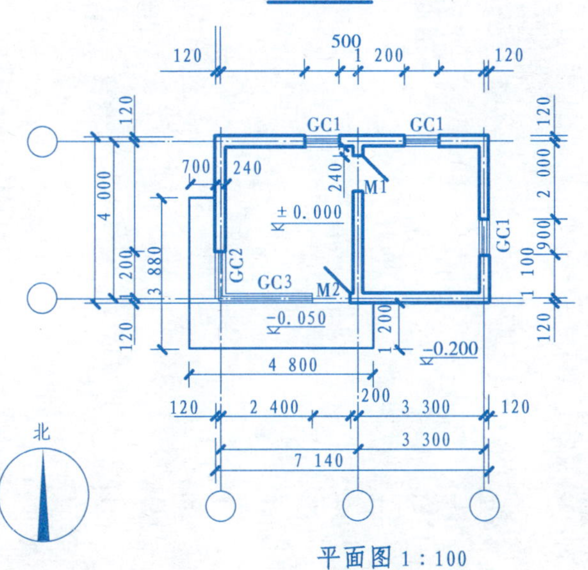

平面图 1∶100

门窗表

编号	洞口尺寸		数量
	宽度	高度	
M1	900	2 100	1
M2	1 000	2 500	1
GC1	900	1 500	3
GC2	1 200	1 500	1
GC3	2 400	1 500	1

考生姓名		题号		成绩	
准考证号码		出生年月日		性别	
身份证号码					
评卷姓名					

班级　　　　姓名　　　　学号

5-2 根据建筑详图，完成建筑立面图的屋顶部分。

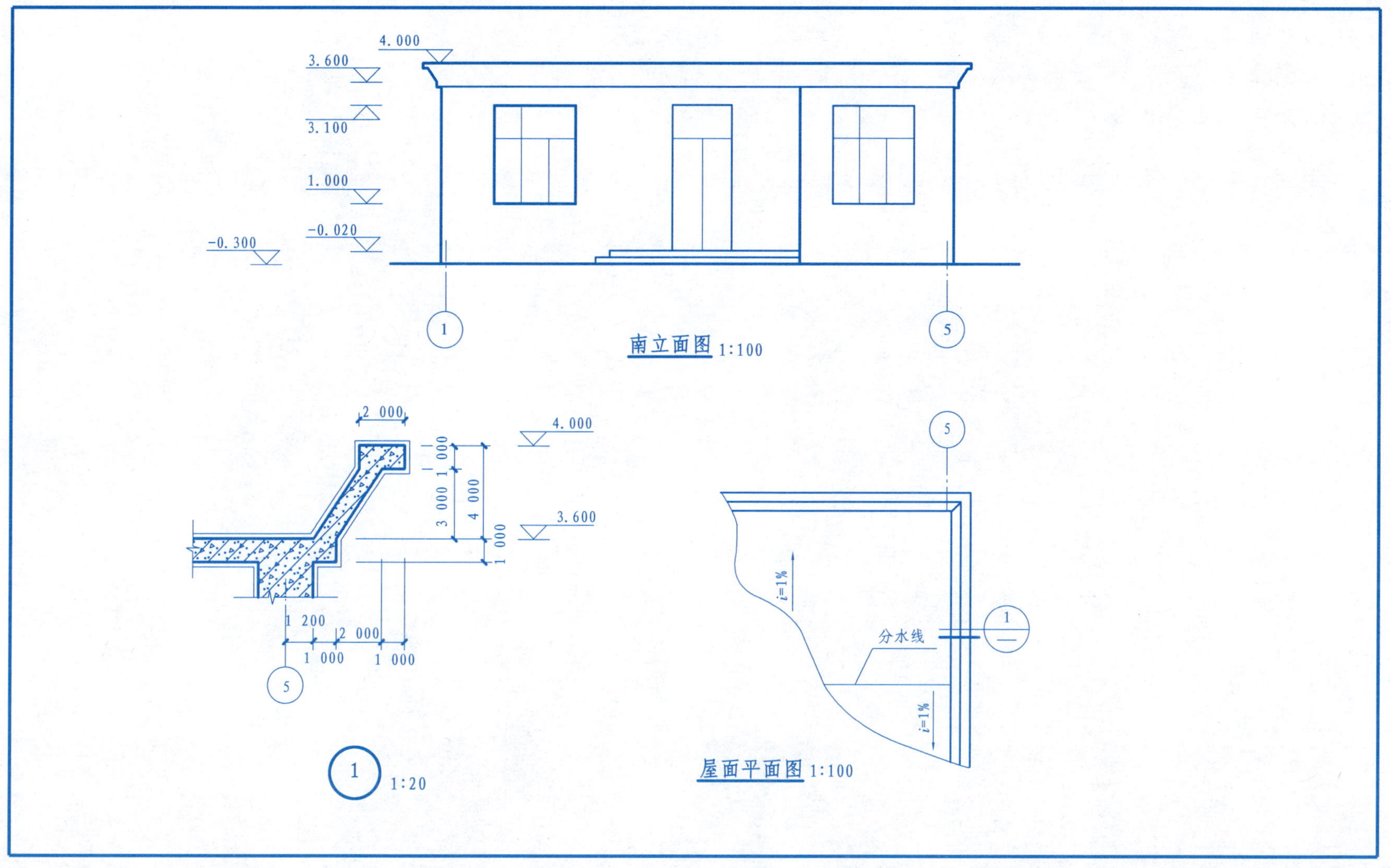

班级　　　　姓名　　　　学号

5-2　根据建筑剖面图，完成建筑详图。

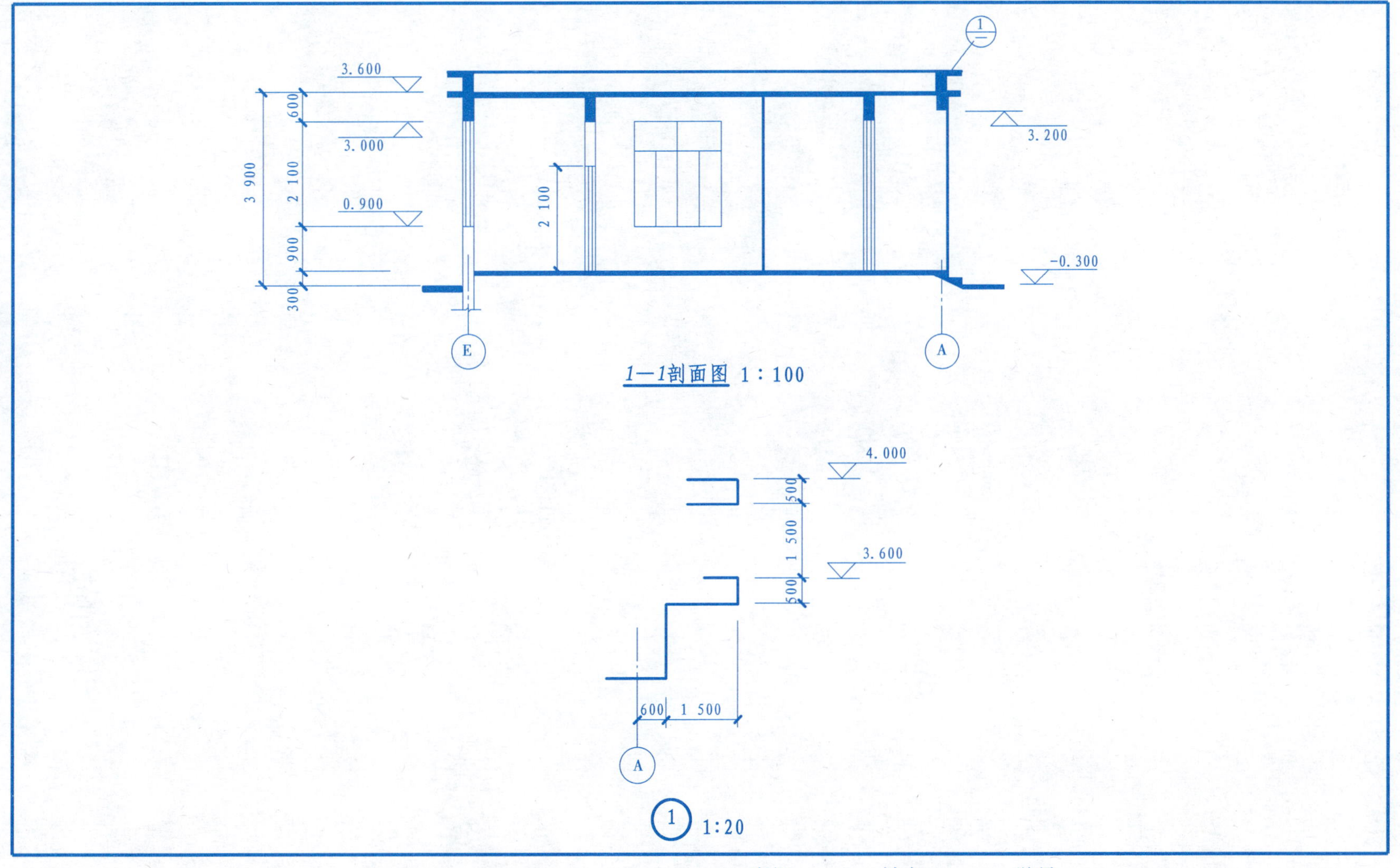

班级　　　　姓名　　　　学号

5-3 阅读建筑施工图。

一、阅读第70页的房屋建筑施工图，完成后面各题。

1.右上图为建筑剖面图：

（1）补画图中所缺内容；（2）在横线上标注其名称；（3）在两圆圈内填写定位轴线编号。

2.右下图为建筑详图：

（1）请在其下面标注详图符号；（2）在Ⅰ、Ⅱ两处所示位置标注标高；（3）在空白圆圈内填写定位轴线编号。

3.左下图为建筑平面图：

（1）请在合适位置绘制指北针；（2）请在Ⅲ、Ⅳ两处所示位置标注标高；（3）标注建筑物的总长、总宽。

二、第71页图为某别墅的建筑施工图，首层室内地面标高为±0.000，厨房地面比室内低20 mm，厕所地面比室内低30 mm，室外平台的顶面比室内低20 mm。请完成下面各题：

1.补全图中漏标的尺寸、标高、定位轴线编号及各图图名；

2.该别墅正门所在立面的朝向为正南，在平面图的合适位置画出指北针；

3.该别墅共有（　　　）层楼，房屋总长为（　　　），总宽为（　　　），总高为（　　　），层高为（　　　），墙厚为（　　　）。底楼共有门（　　　）种，窗（　　　）种，其中底层卧室的南窗的窗洞口尺寸（宽×高）为（　　　），门的洞口尺寸（宽×高）为（　　　），进深为（　　　），开间为（　　　）；

4.平面图中线形尺寸规定以（　　　）为单位，而标高则以（　　　）为单位，绝对标高注写到小数点后（　　　）位，相对标高注写到小数点后（　　　）位。

三、读懂第72页的建筑施工图完成填空。

1.写出下面平面图中各序号所指部分的含义：

1（　　　） 2（　　　） 3（　　　） 4（　　　） 5（　　　） 6（　　　） 7（　　　） 8（　　　）

2.图示建筑平面图为（　　　）层平面图，此建筑物总长（　　　）m，总宽（　　　）m，有横向定位轴线（　　　）条，纵向定位轴线（　　　）条；卧室2的开间为（　　　）m，进深为（　　　）m；平面图中的尺寸分为（　　　）尺寸和（　　　）尺寸两部分，其中外部尺寸一般有（　　　）道尺寸，第一道尺寸表示（　　　　　　），第二道尺寸表示（　　　　　　），第三道尺寸表示（　　　　　　）。此建筑物的朝向为（　　　）。

班级　　　　姓名　　　　学号

5-3　阅读建筑施工图。

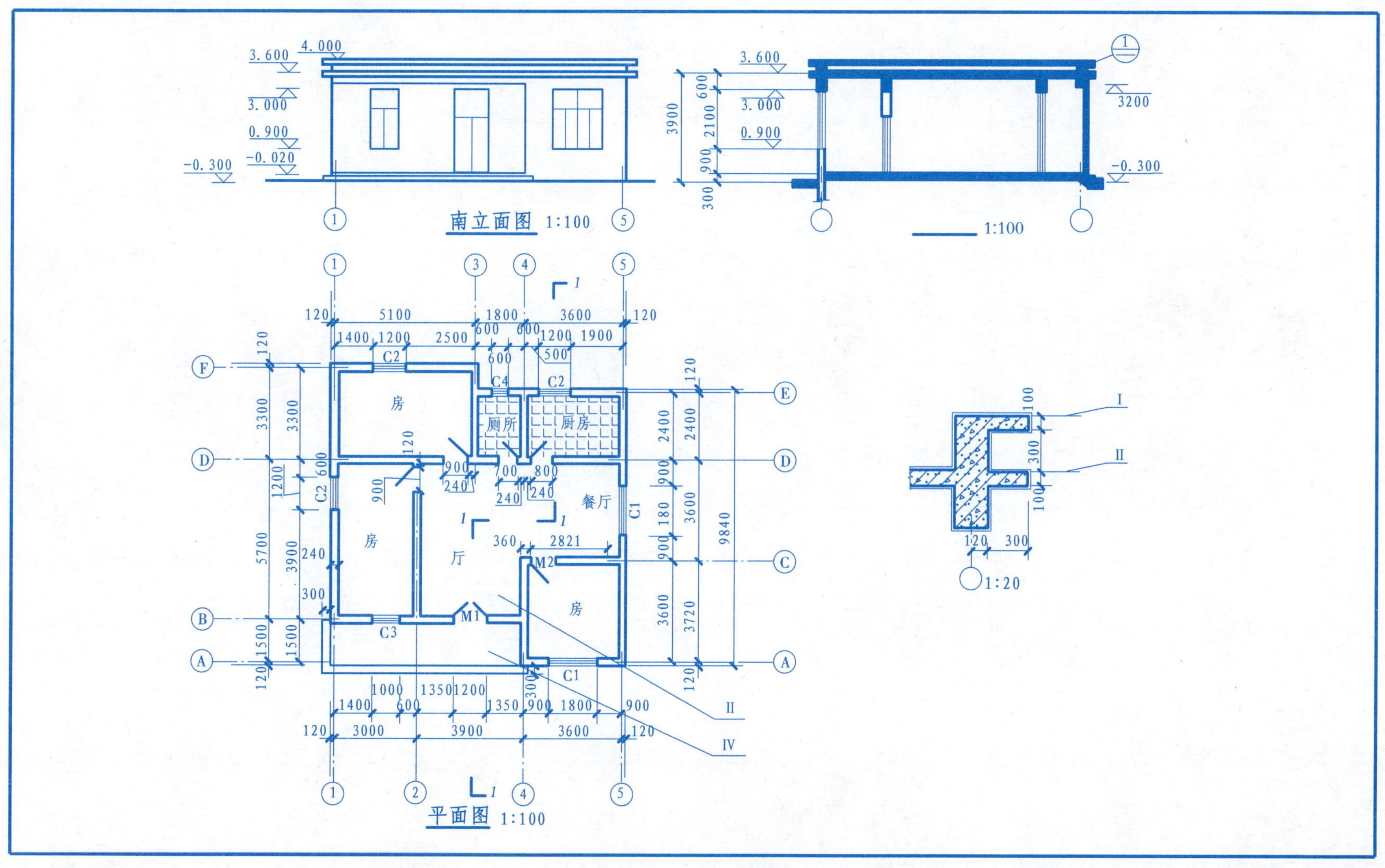

班级　　　　姓名　　　　学号

5-3　阅读建筑施工图。

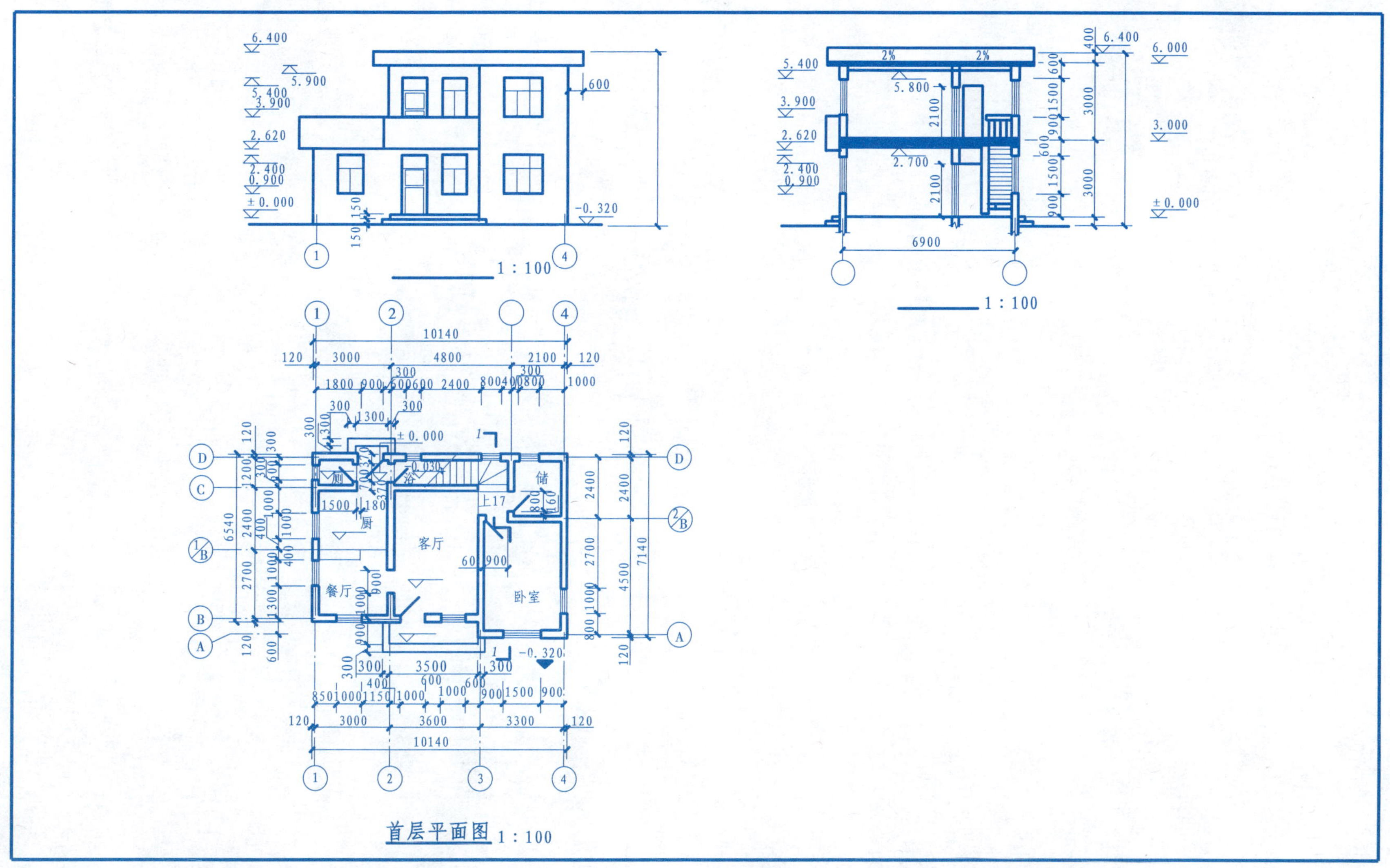

班级　　　　姓名　　　　学号

5-3　阅读建筑施工图。

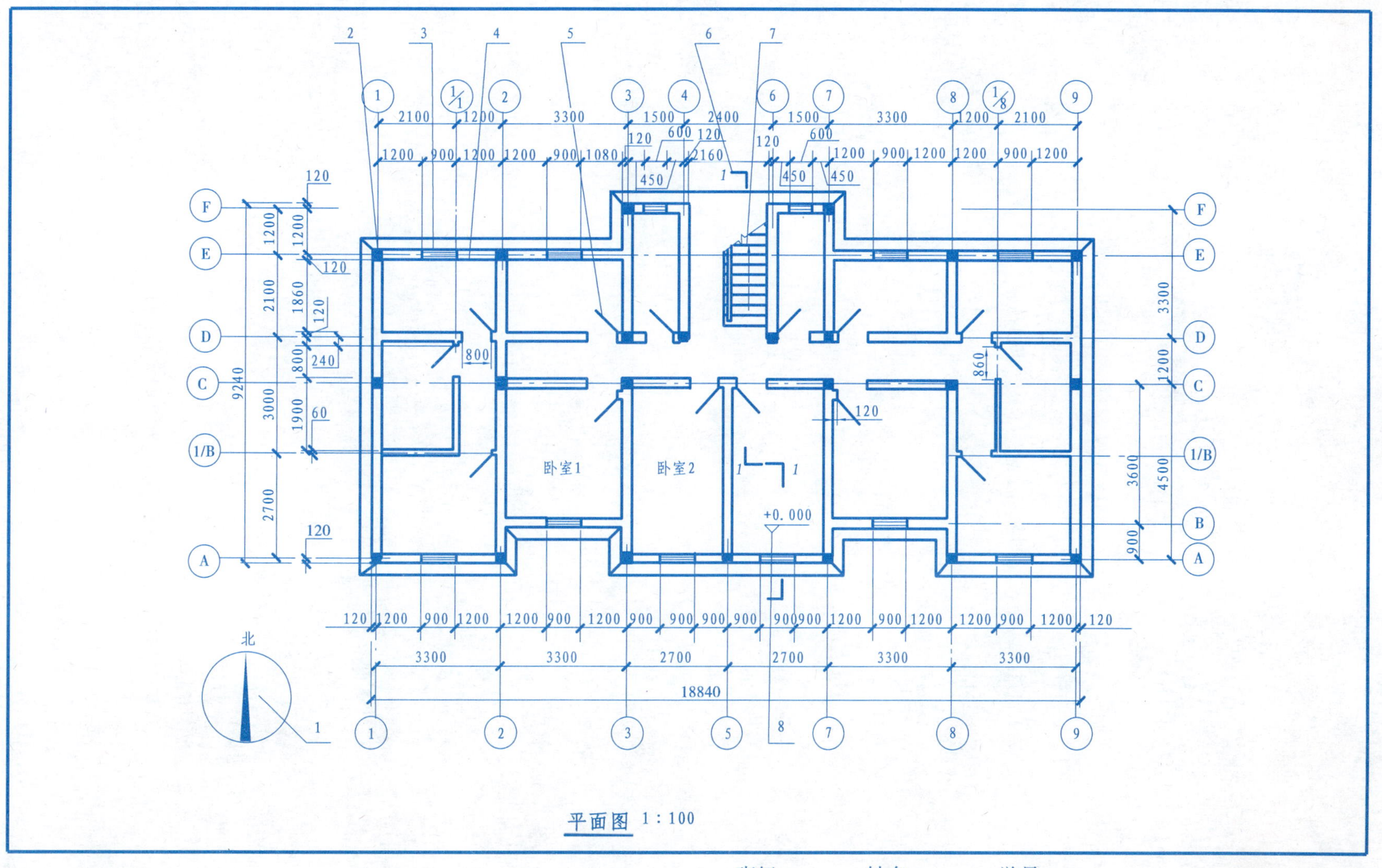

平面图 1:100

班级　　　　姓名　　　　学号

第六章　结构施工图

6-1 结构施工图基本知识。

填空：

1.结构施工图主要表达结构设计的内容，它主要表示建筑物的结构类型、（ ）、各构件的种类、（ ）以及构件间的相互连接等。

2.结构施工图主要包括（ ）、（ ）和（ ）。

3.由混凝土和钢筋两种材料构成整体的构件，称为（ ）构件。钢筋按其强度和品种分成不同等级，其中Ⅰ级钢筋的直径符号为（ ）；Ⅱ级钢筋的直径符号为（ ）；Ⅲ级钢筋的直径符号为（ ）。混凝土按其抗压强度可分为不同的强度等级，C15、（ ）、C80等14种。

4.钢筋混凝土梁和板的钢筋，按其所起作用给予不同的名称：梁内有（ ）、（ ）、（ ）；板内有（ ）、（ ）。

5.钢筋的标注有两种基本方式，用文字说明下列两种标注形式中数字和符号的意义。

4 ϕ 20

ϕ 8 @ 200

6.基础图一般由（ ）和（ ）组成，基础平面图是表示（ ）的图样，它是用（ ）图来表示的；基础详国是表示基础各部分（ ）的图样，它是以（ ）图的形式来表示的。

班级 姓名 学号

6-1　结构施工图基本知识。

7.基础的形式一般取决于上部承重结构的形式，如：墙下的基础做成（　　　　　　）基础；柱下的基础做成（　　　　　　）和（　　　　　　）基础。

8.结构平面图是对该层楼板、（　　　　　　）及下层楼板以上的（　　　　　　）等构件的平面布置图样。

9.结构平面图中，所标注的板顶或梁底的标高均指（　　　　　　）。

10.按图示的规则，现浇板的配筋平面图上，水平方向钢筋按其正立面形状每种画一根表示；竖向钢筋按（　　　　　　）形状每种画一根表示，板内配筋为 ϕ－Ⅰ级时其弯钩形式有两种，板底的钢筋弯钩为（　　　　　　），弯钩向（　　　　　　），板顶钢筋（负筋）的弯勾销为（　　　　　　），弯钩向下。

11.预制楼板的布置不必按实际投影分块画出，可简化为一条（　　　　　　）线来表示板的布置范围，并沿其方向注写预制板的（　　　　　　）。

12.结构详图是表示建筑物各承重构件（　　　　　　）的详细图样。画配筋图时，将混凝土假想成透明材料，画其外形轮廓用（　　　　　　）线，未被剖切到的钢筋用（　　　　　　）线。

13.写出下列符号的意义。

J_1：

JL：

KZ：

YKB：

QL：

GL：

YPL：

班级　　　　姓名　　　　学号

6-2 读钢筋混凝土主梁配筋图、断面图。

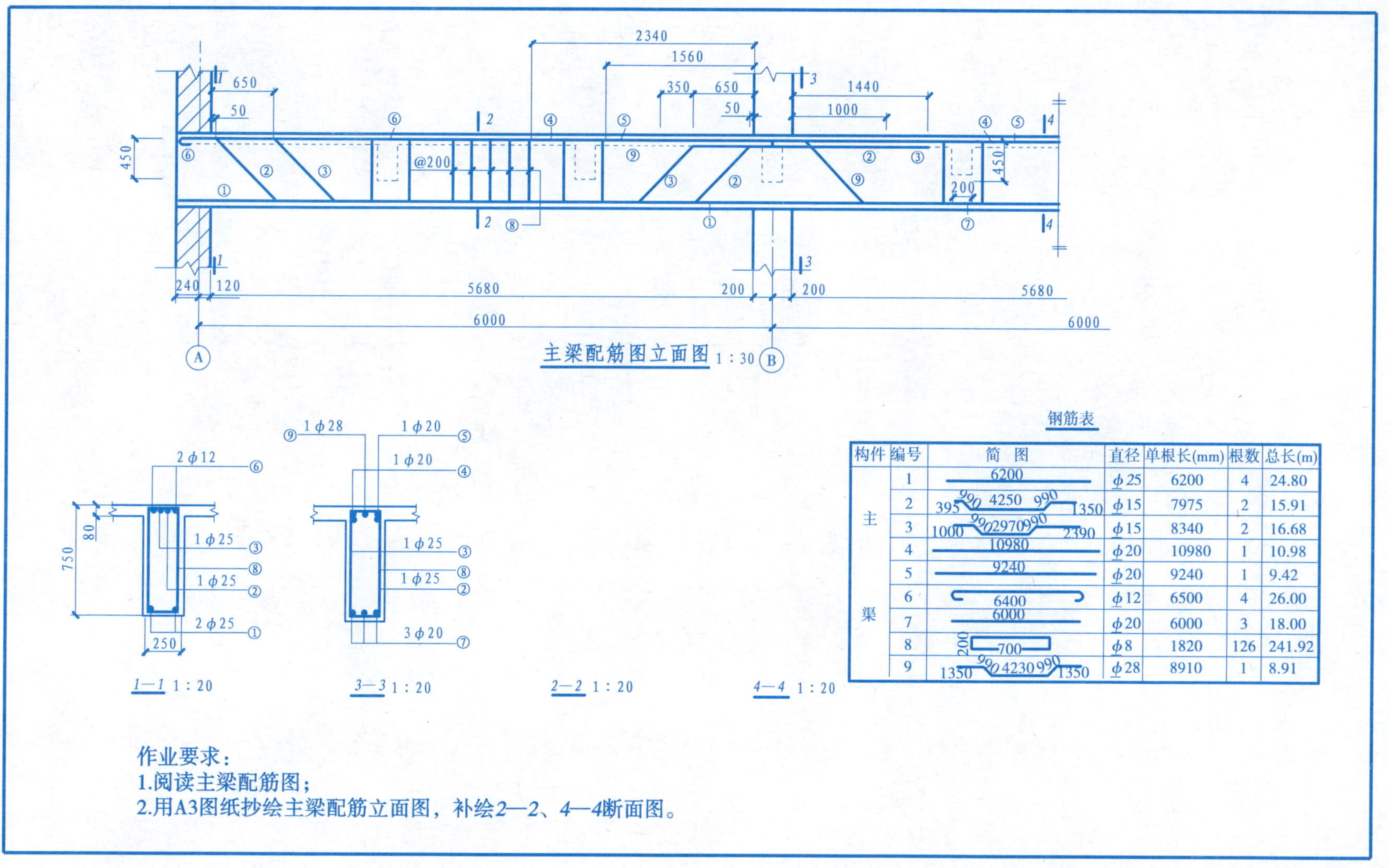

钢筋表

构件	编号	简 图	直径	单根长(mm)	根数	总长(m)
主梁	1	6200	ϕ25	6200	4	24.80
	2	395 990 4250 990 1350	ϕ15	7975	2	15.91
	3	1000 990 2970 990 2390	ϕ15	8340	2	16.68
	4	10980	ϕ20	10980	1	10.98
	5	9240	ϕ20	9240	1	9.42
	6	6400	ϕ12	6500	4	26.00
	7	6000	ϕ20	6000	3	18.00
	8	200 700	ϕ8	1820	126	241.92
	9	1350 990 4230 990 1350	ϕ28	8910	1	8.91

作业要求：

1.阅读主梁配筋图；

2.用A3图纸抄绘主梁配筋立面图，补绘2—2、4—4断面图。

班级　　姓名　　学号

6-3　绘制基础平面图和基础详图。

绘制某校学生宿舍的基础平面图和基础详图

一、图名

标题栏内写基础平面图和基础详图。

二、目的

1. 熟悉一般民用建筑的基础平面图和基础详图的表达内容和图示特点。

2.掌握绘制基础平面图和基础详图的步骤和方法。

三、图纸

A3图幅。

四、内容

按图示图样及比例抄绘基础平面图和基础详图。

五、要求

1.必须在读懂后页全部图样后，才能开始绘图。

2.三个图样及所附的表格、文字说明都需抄绘。图面应匀称美观。

3.绘图要严格遵守《房屋建筑制图统一标准》和《建筑结构制图标准》的规定。

六、说明

1.建议图纸基本线宽b用0.5 mm。尺寸数字字高用3.5 mm，文字说明中的汉字字高用5 mm。

2.基础宽度为1 300，1 800，2 400，2 600 mm的基础详图是通用详图，B与相应的主筋分别列在表中。绘图时可按B为2 400 mm的基础画，但应按通用详图的有关规定进行标注，如标注B和“主筋”，定位轴线编号圆圈内不写编号等。

3.基础宽度为3 400 mm的基础详图是用*1—1*剖面图表达的，这个基础同时承受Ⓑ和Ⓒ轴线的墙传来的载荷。在*1—1*剖面图中：走廊内的架空板是120 mm厚的钢筋混凝土板，按未剖切开画出；基础下的垫层，架空板上面的面层，都是素混凝土，不画材料图例；走廊内架空板下的回填土，省略未画。

4.在结构施工图中，有时将构建代号或构建代号及其型号、编号作为图名，如本作业中的基础详图的图名J。

班级　　　　姓名　　　　学号

6-3　绘制基础平面图和基础详图基础平面图。

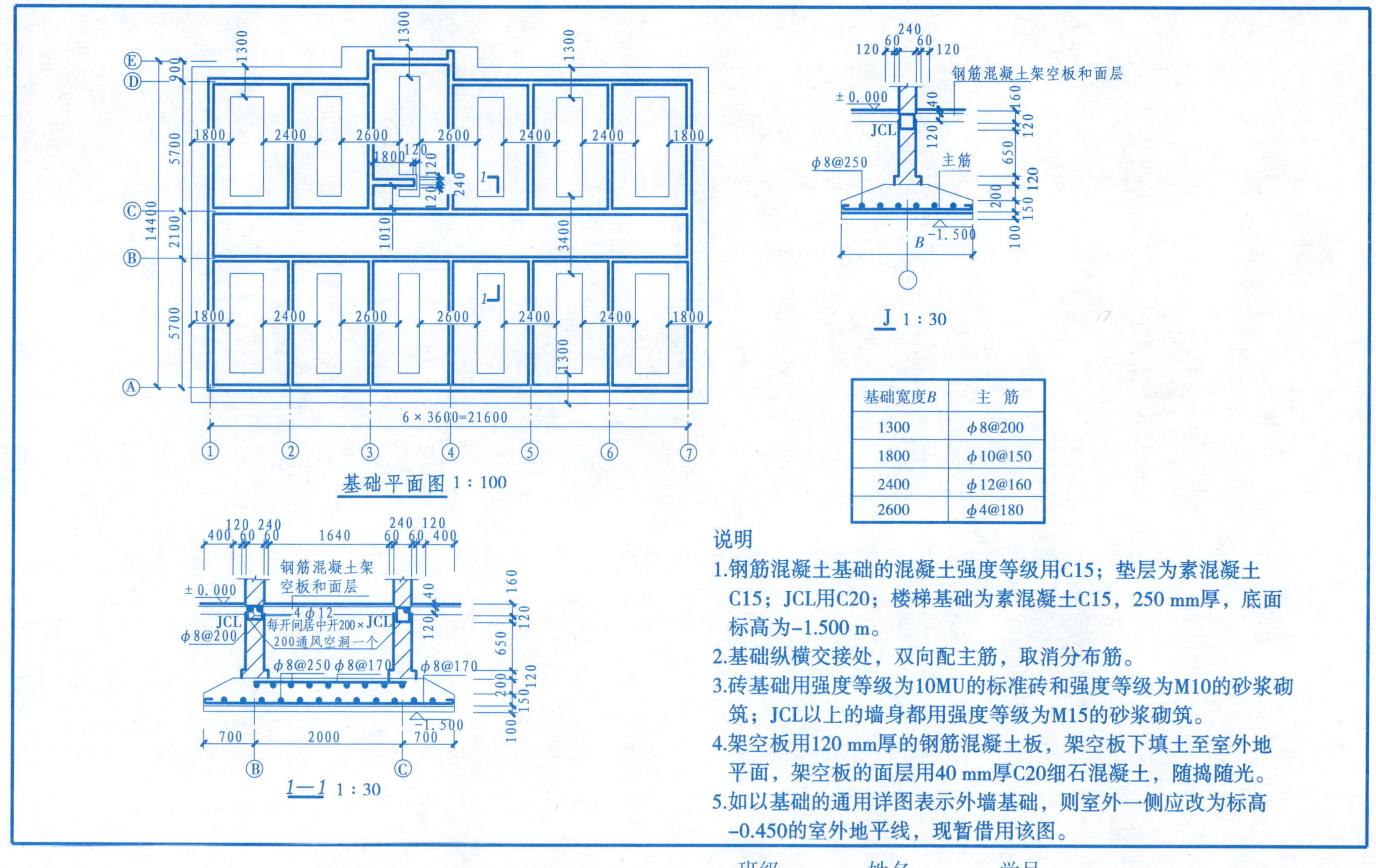

基础平面图 1∶100

J 1∶30

1—1 1∶30

基础宽度B	主　筋
1300	φ8@200
1800	φ10@150
2400	φ12@160
2600	φ4@180

说明

1.钢筋混凝土基础的混凝土强度等级用C15；垫层为素混凝土C15；JCL用C20；楼梯基础为素混凝土C15，250 mm厚，底面标高为-1.500 m。

2.基础纵横交接处，双向配主筋，取消分布筋。

3.砖基础用强度等级为10MU的标准砖和强度等级为M10的砂浆砌筑；JCL以上的墙身都用强度等级为M15的砂浆砌筑。

4.架空板用120 mm厚的钢筋混凝土板，架空板下填土至室外地平面，架空板的面层用40 mm厚C20细石混凝土，随捣随光。

5.如以基础的通用详图表示外墙基础，则室外一侧应改为标高-0.450的室外地平线，现暂借用该图。

班级　　　　姓名　　　　学号

6-4 绘制楼层结构平面图。

绘制某校学生宿舍的二层结构平面图

一、图名

标题栏内写二层结构平面图。

二、目的

1.熟悉一般民用建筑的楼层结构平面图的表达内容和图示特点。

2.熟悉钢筋混凝土构件的代号；掌握钢筋混凝土板的代号和编号标注，以及直接在结构平面图上表示配筋的画法。

3.熟悉钢筋混凝土构件的断面和配筋画法。

4.掌握绘制楼层结构平面图的步骤和方法。

三、图纸

A3图幅

四、内容

1.按图示图样的比例，按教材中所述的图线规格和表达形式，绘制二层结构平面图、梁的断面图，并抄写说明。

2.除楼梯间另见详图，以及图中盥洗室和厕所为两跨连续板、走廊为简支板已布置现浇的钢筋混凝土板B-1、B-2外，其余楼面板都采用现浇钢筋混凝土板，以每一寝室为单位，按间支板配筋，短向布置受力筋 ϕ10@150，分布筋为 ϕ8@200；构造筋与同方向的受力筋相同：相邻寝室横跨两室处的长度为1 800，靠山墙或楼梯间处的长度为900。

五、要求

1.必须在读懂后页全部图样后，才能开始绘图。

2.图面应匀称美观。

3.绘图要严格遵守《房屋建筑制图统一标准》和《建筑结构制图标准》的规定。

六、说明

1.建议图纸基本线宽b用0.5 mm。尺寸数字高度用3.5 mm，文字说明中的汉字字高用5 mm。

2.现浇钢筋混凝土板只需分别完整地画出和注明各种不同布置的一种布置情况，其余相同处的布置，只需注明板的代号和编号。

班级 姓名 学号

6-4　绘制楼层结构平面图。

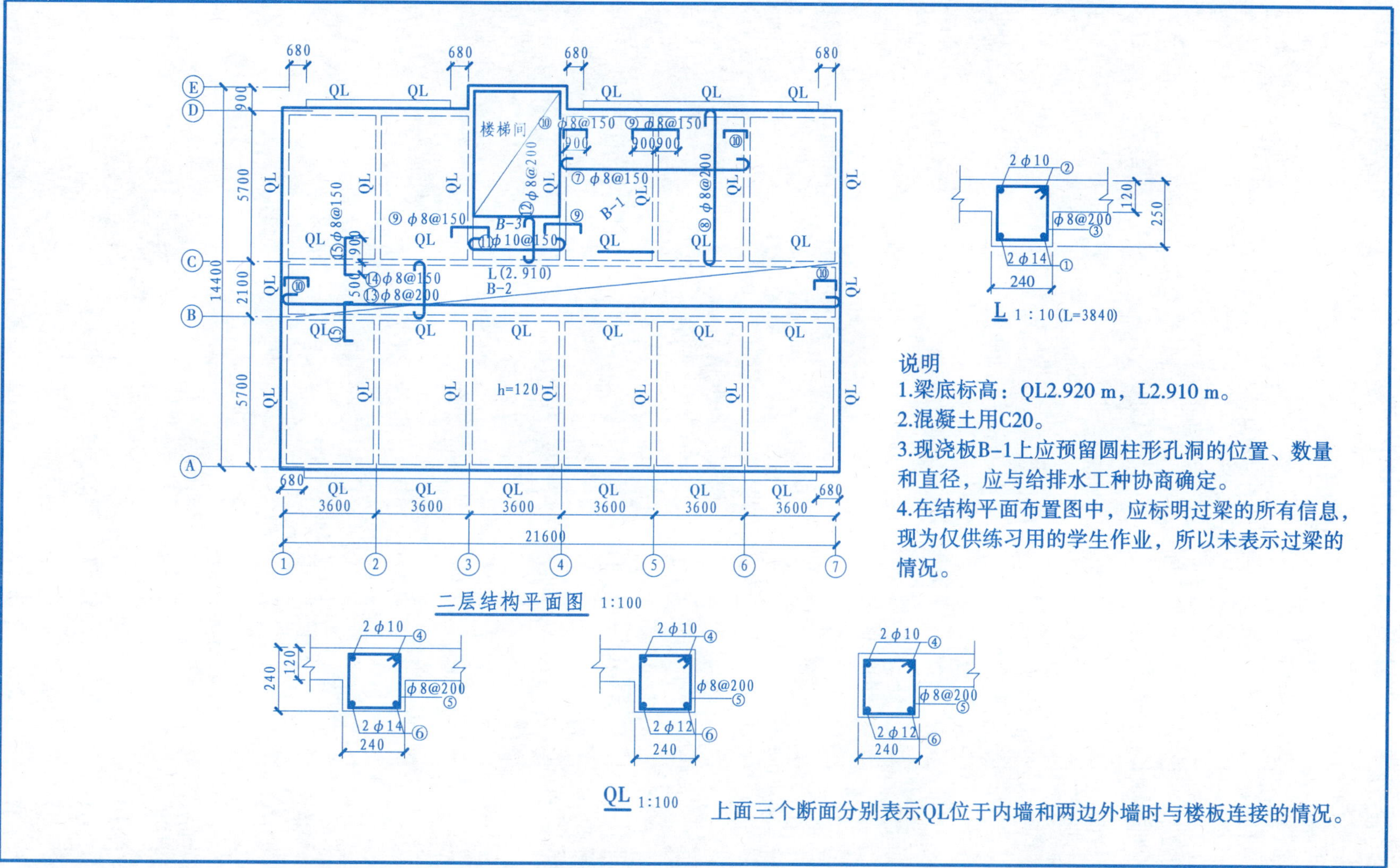

班级　　　　姓名　　　　学号

第七章　设备施工图

7-1　室内给排水工程图。

一、完成下列填空题

1.建筑给水排水工程图是表示建筑物内部各卫生器具、（　　　　　　　）、（　　　　　　　）及其附件的（　　　　　）和（　　　　　　　）在建筑物中的（　　　　　　　）及（　　　　　　　）的图样。

2.建筑给水排水工程图一般由室外给水排水平面图、（　　　　　　　）、（　　　　　　　）、（　　　　　　　）、（　　　　　　　）及施工总说明等组成。

3.多层房屋的管道平面图原则上应（　　　　　　　）绘制。但若楼层平面中管道布置相同时，可绘制（　　　　　　　）管道平面图，底层管道平面图均应（　　　　　　　）绘出，屋面上的管道系统可附画在（　　　　　　　）中或另画（　　　　　　　）。

4.填写下列线型及画法。

（1）给水管用（　　　　）表示，线宽为（　　　　）；

（2）污、废水管用（　　　　）表示，线宽为（　　　　）；

（3）管道立管用（　　　　）表示，其直径为（　　　　）；并在旁边标上立管代号（　　　　），X为（　　　　）。

5.为了完整、全面地反映管道系统，可采用能反应三维情况的（　　　　）来绘制管道系统图，一般采用（　　　　）。

6.管内标高应标注（　　　　）对标高；室外标高应标注（　　　　）对标高。给水管应标注管（　　　　）标高，排水管宜标注管（　　　　）标高。

7.用文字在横线上说明下列常用图例及代号的意义。

J/1 ________ ________

W/2 ________ ________

F/1 ________ ________

班级　　　姓名　　　学号

7-1 室内给排水工程图。

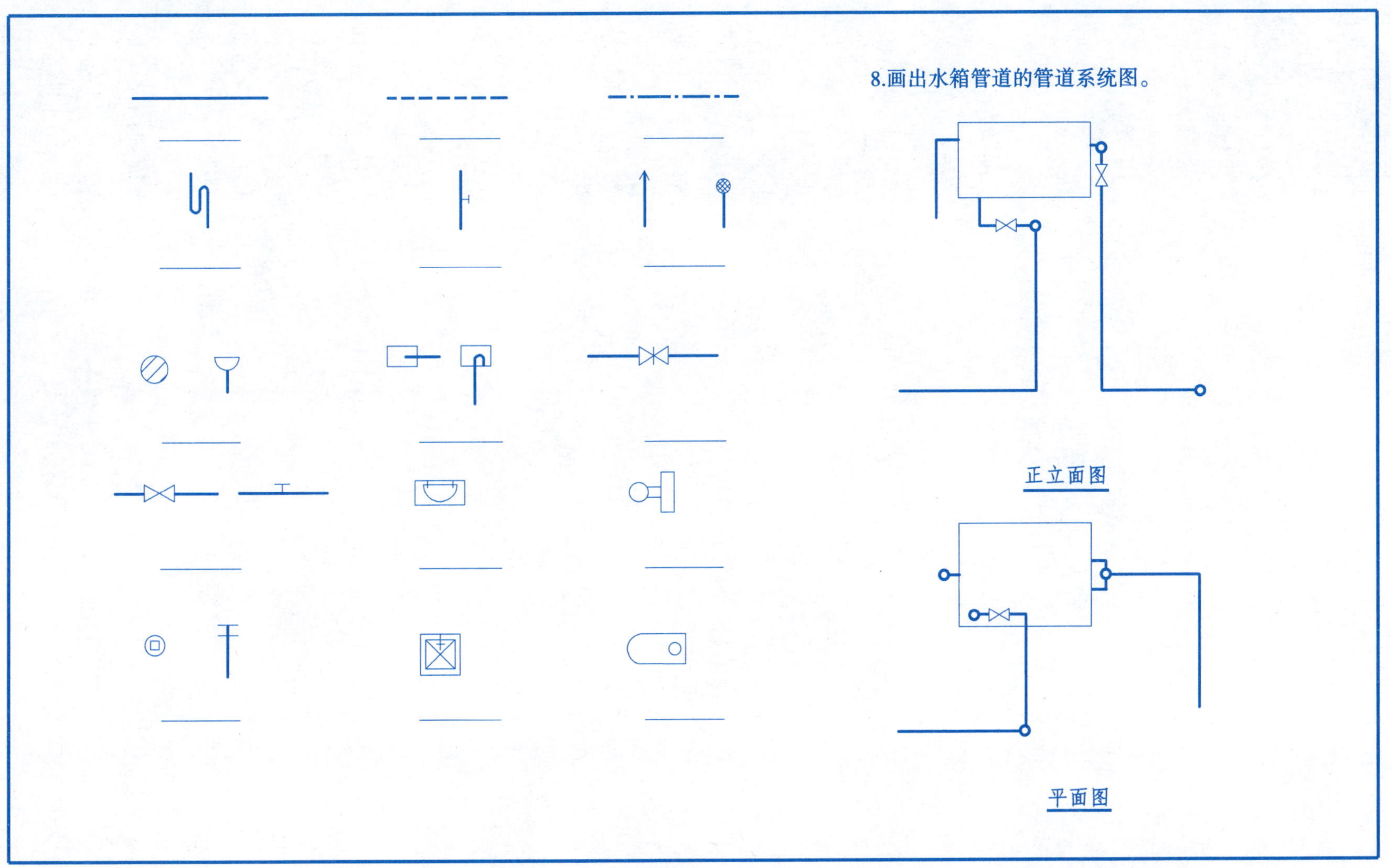

班级 姓名 学号

7-1　室内给排水工程图——南立面图及底层平面图。

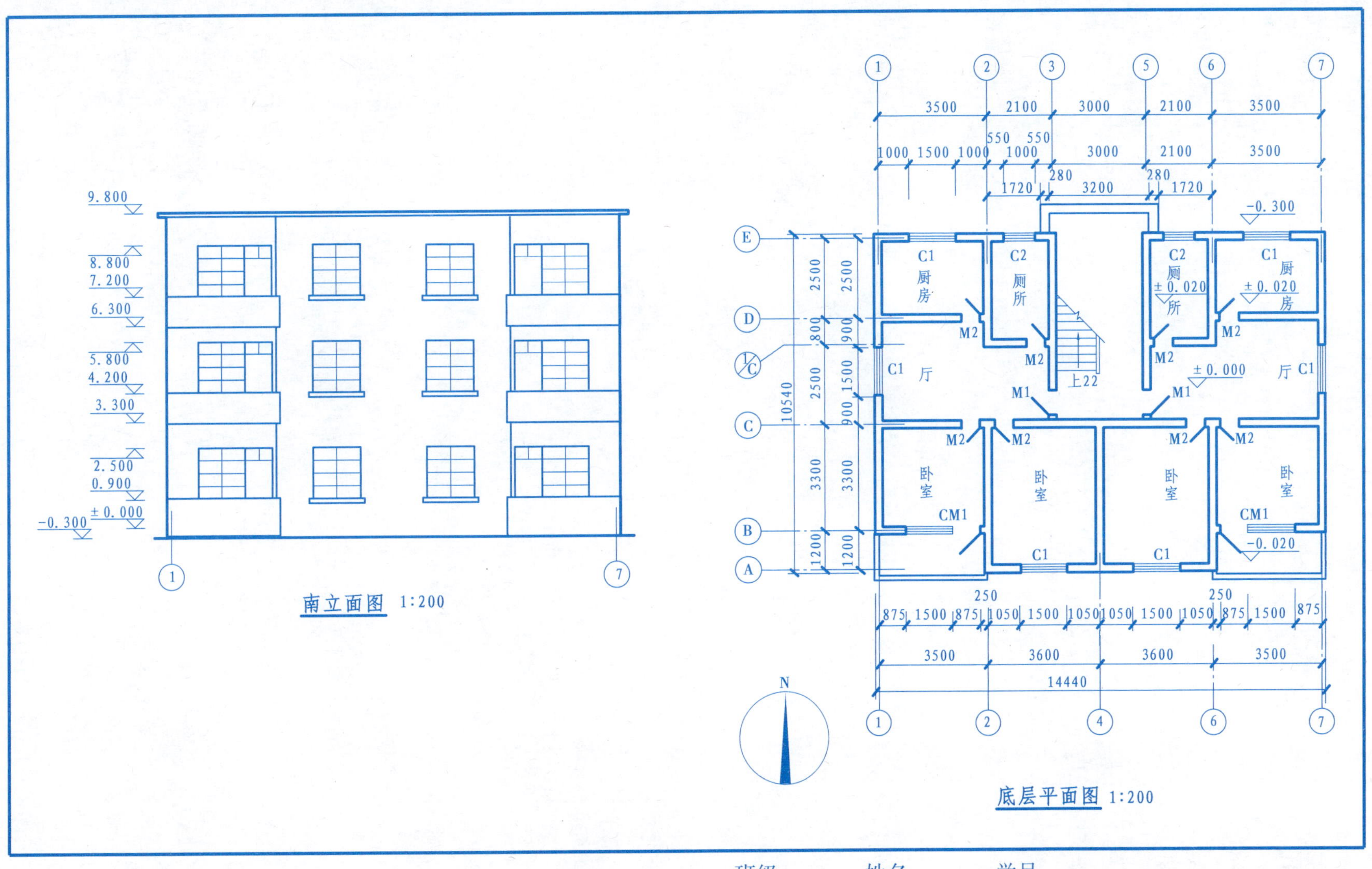

班级　　　姓名　　　学号

7-1 室内给排水工程图——底层给水排水管道平面图。

前一页为一幢三层居民住宅楼的南立面图及底层平面图，下图为该楼的底层给水排水管道平面图，后附一页该楼不完整的室内给水系统图和室内排水系统图。

1.读懂各图（建筑施工图、底层给排水管道平面图、室内给水和排水管道系统图）。

2.在后附一页上以1:100的比例画全该楼室内给水系统图和该楼5，6轴间的室内排水系统图。

3.在后附二页上以1:100的比例抄画底层给水排水管道平面图和5，6轴间二层给水排水管道平面图。

注：（1）建议图线基本宽b为0.5 mm；所有字母、数字的字高为3.5 mm；汉字字高为5 mm。

（2）部分画图尺寸参考各图自定。

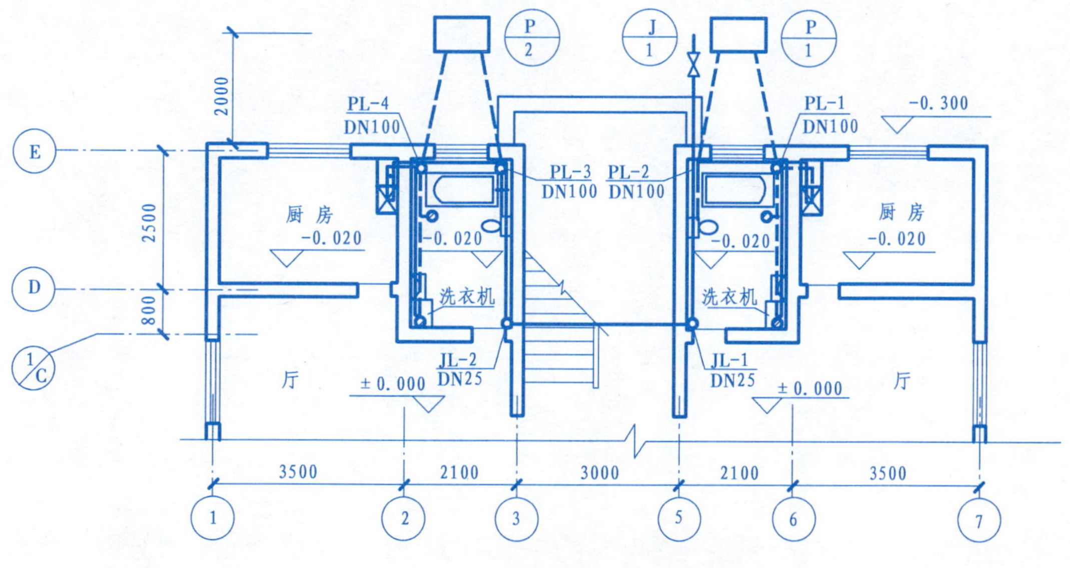

底层给排水管道平面图 1:100

班级 姓名 学号

7-1　室内给排水工程图(附一页)。

画全室内给水、排水管道系统图:

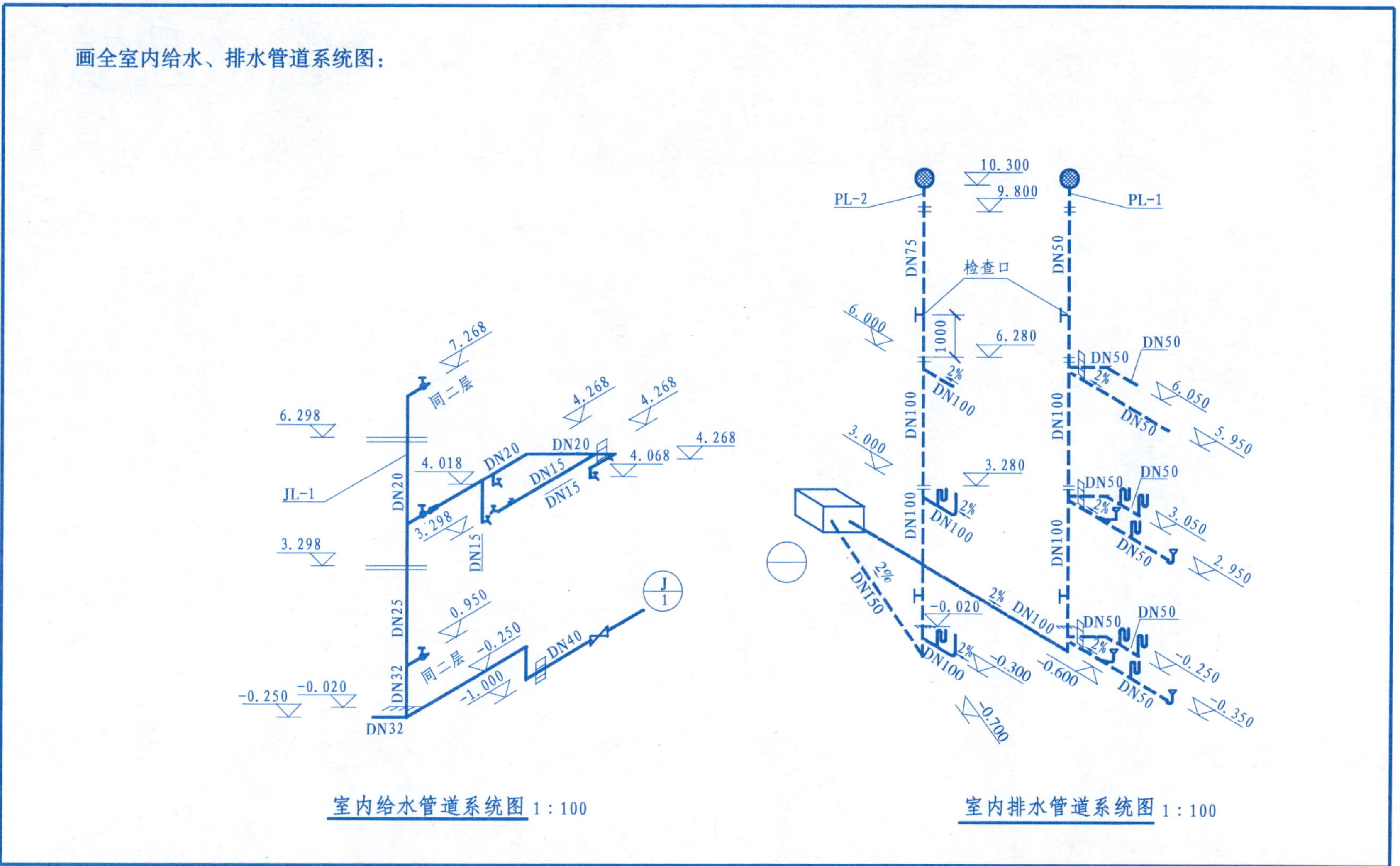

班级　　　　姓名　　　　学号

7-1 室内给排水工程图(附二页)。

抄画底层给水排水管道平面图，并画出二层给水排水管道平面图：

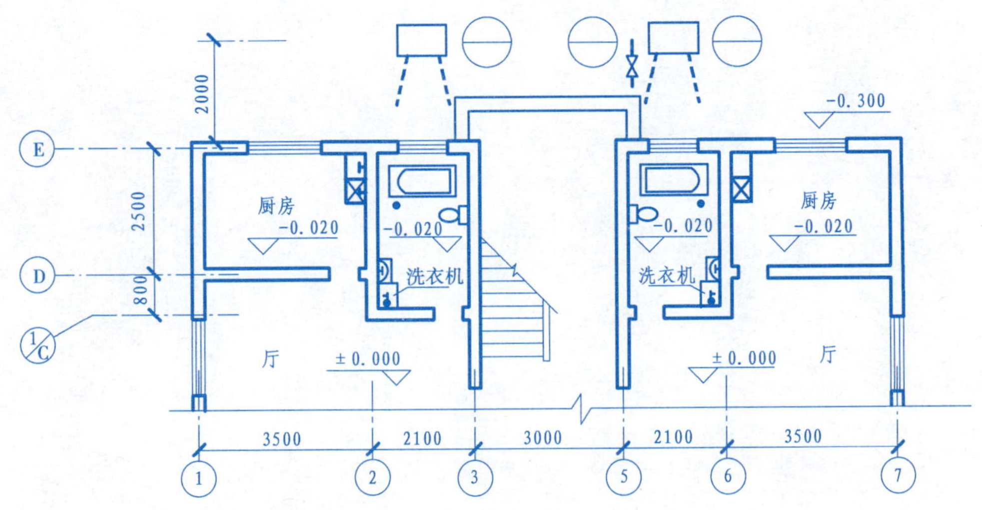

底层给水排水管道平面图 1 : 100

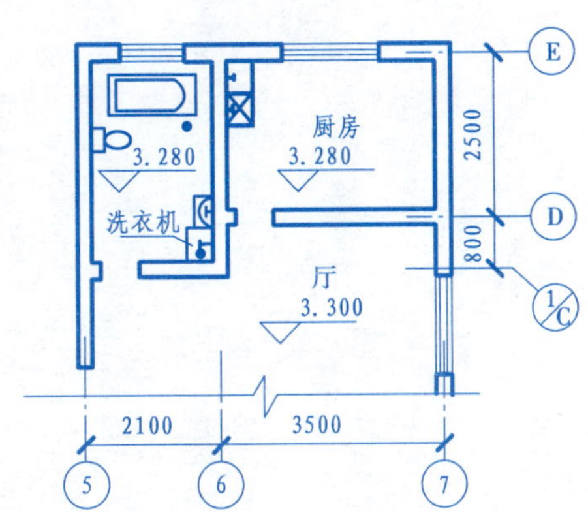

二层给水排水管道平面图 1 : 100

班级　　姓名　　学号

7-2　建筑电气工程图。

作业要求：

1.读懂配电系统图并据此读懂一层照明平面图。

2.根据上述两图要求在右图画全一层照明平面图。有关尺寸参照本图自定。

注：建议供电线路采用单线粗0.5 mm。

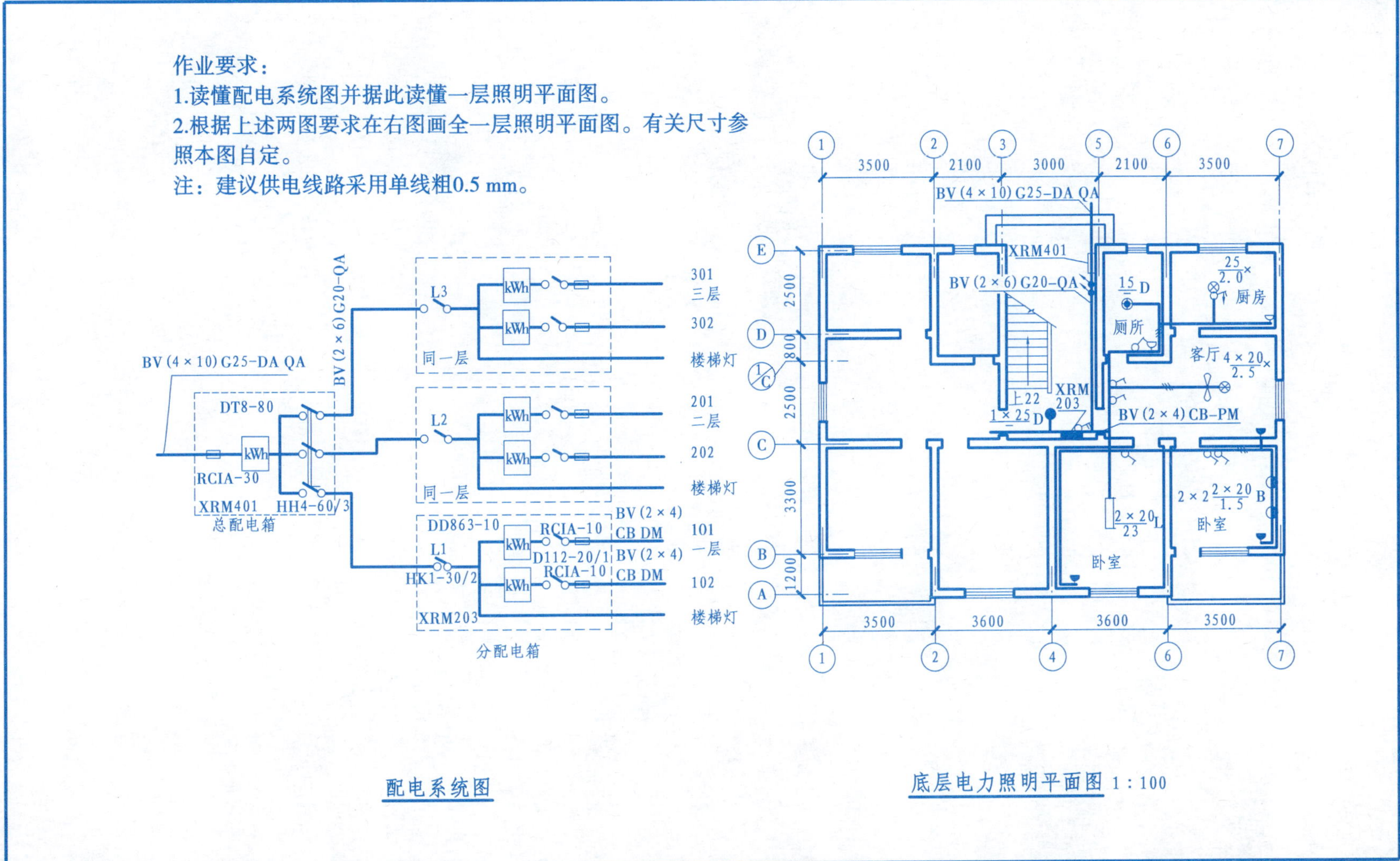

班级　　　　姓名　　　　学号

第八章　机械图样的识读

8-1　根据给定的俯视图选择正确的主视图。

1.

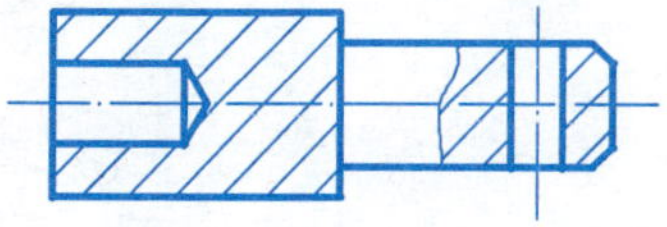

（　）

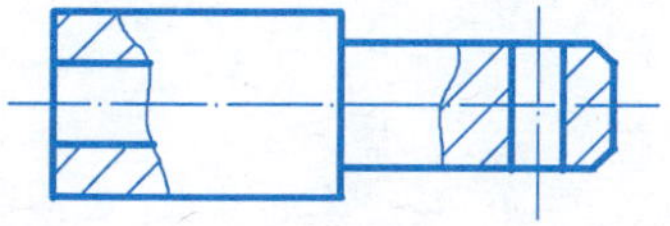

（　）

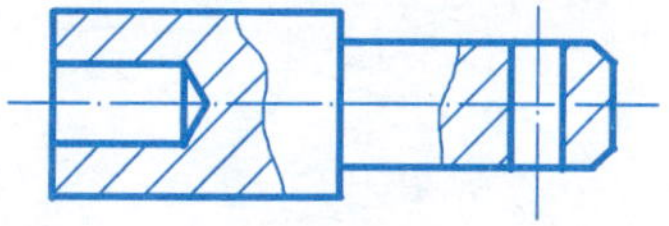

（　）

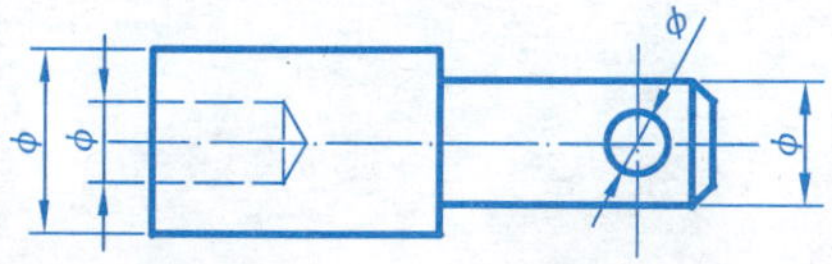

2.

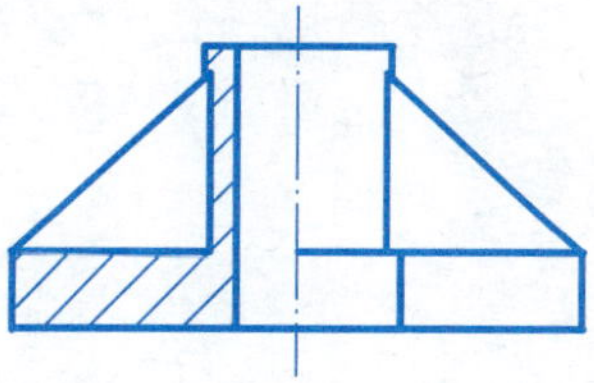

（　）

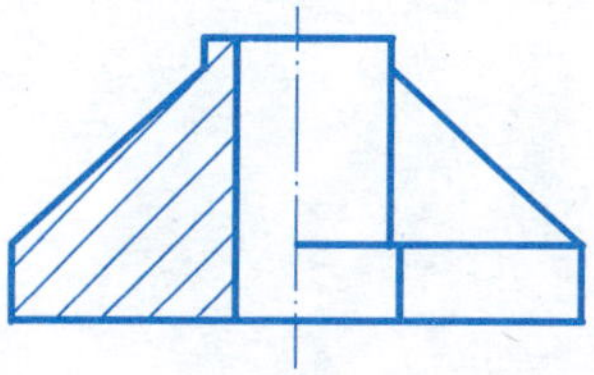

（　）

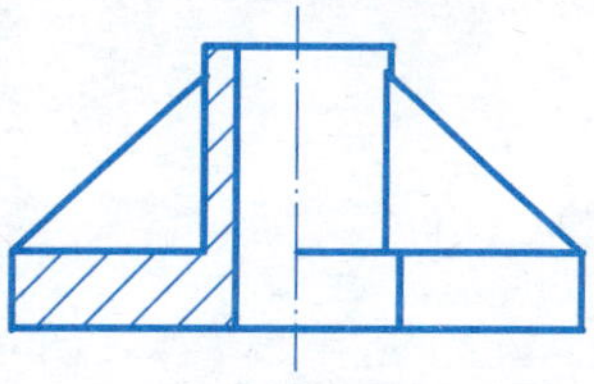

（　）

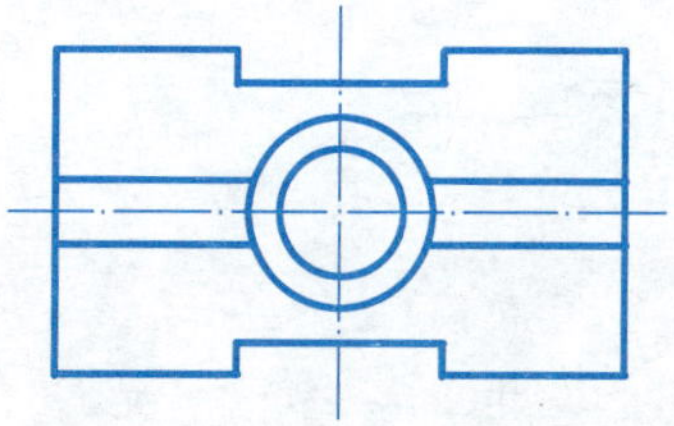

3.

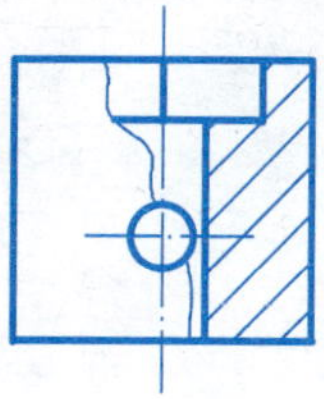

（　）

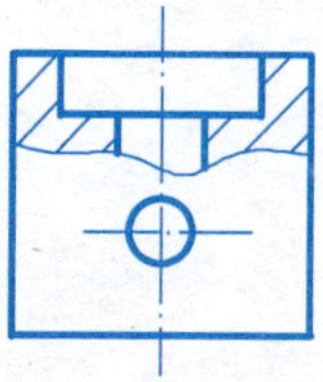

（　）

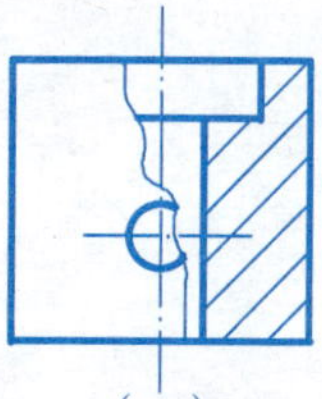

（　）

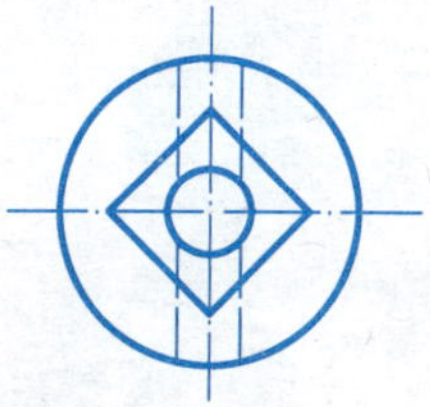

班级　　　　姓名　　　　学号

8-2　完成断面图。

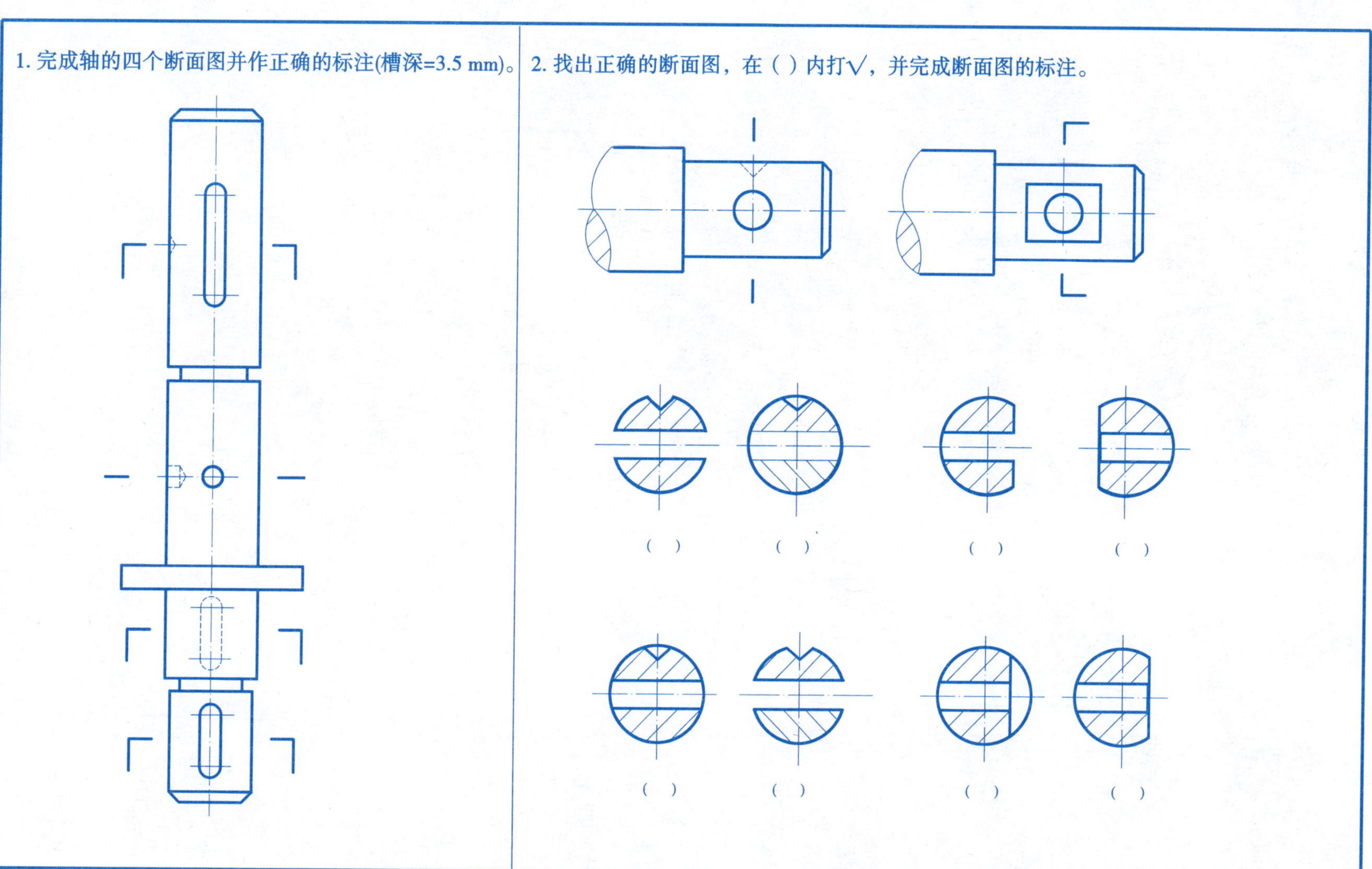

班级　　　　姓名　　　　学号

8-3　螺纹画法和标注。

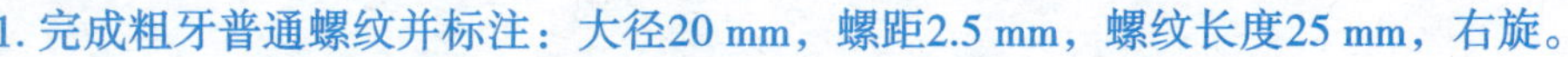
1. 完成粗牙普通螺纹并标注：大径20 mm，螺距2.5 mm，螺纹长度25 mm，右旋。

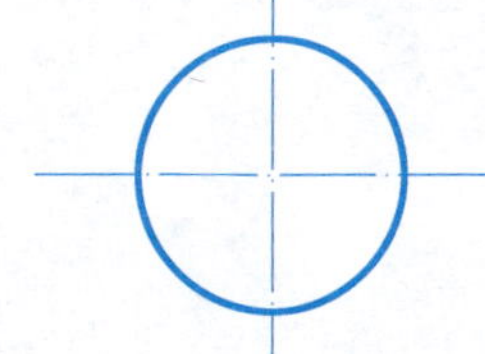

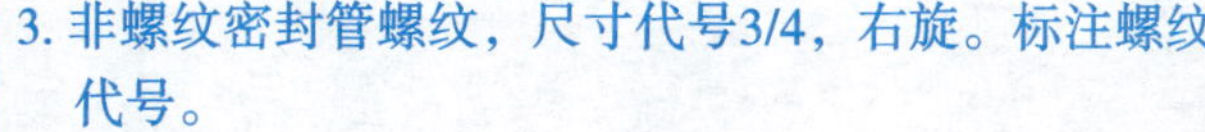
3. 非螺纹密封管螺纹，尺寸代号3/4，右旋。标注螺纹代号。

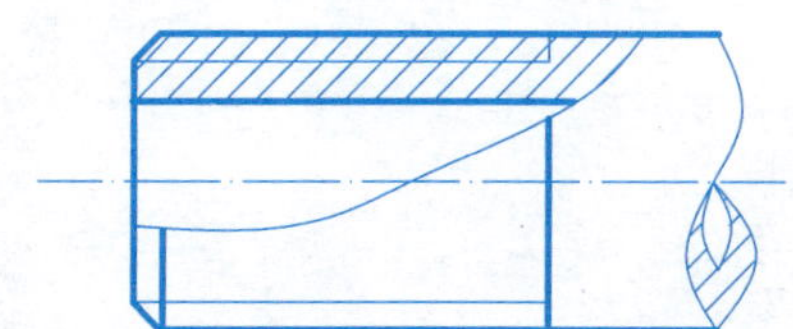

2. 完成细牙普通螺纹并标注：大径16 mm，螺距1.75 mm，螺纹深22 mm，左旋。

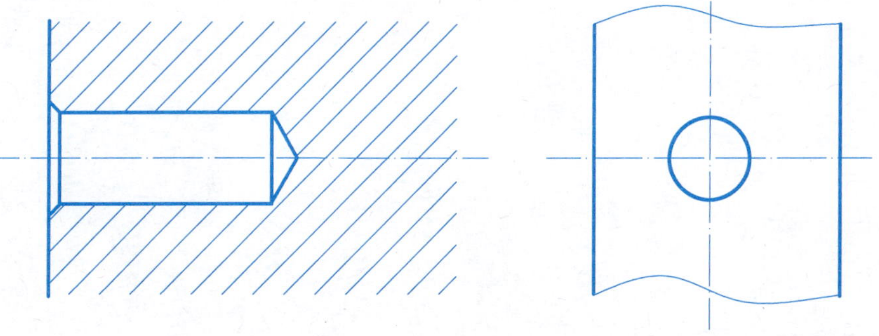

4. 螺纹密封圆锥管螺纹，尺寸代号1/2，右旋。标注螺纹代号。

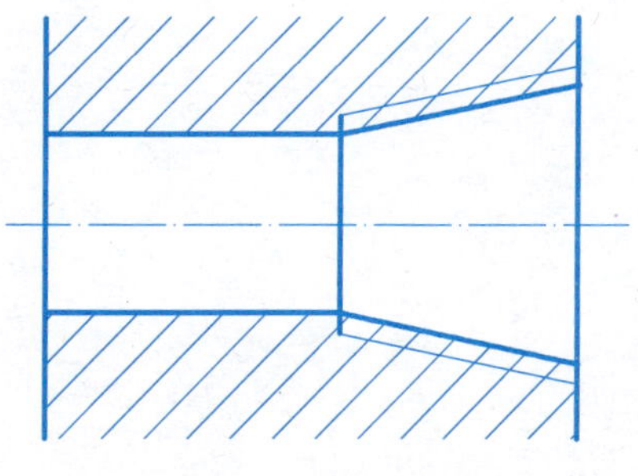

班级　　　　姓名　　　　学号

8-3　螺纹画法和标注。

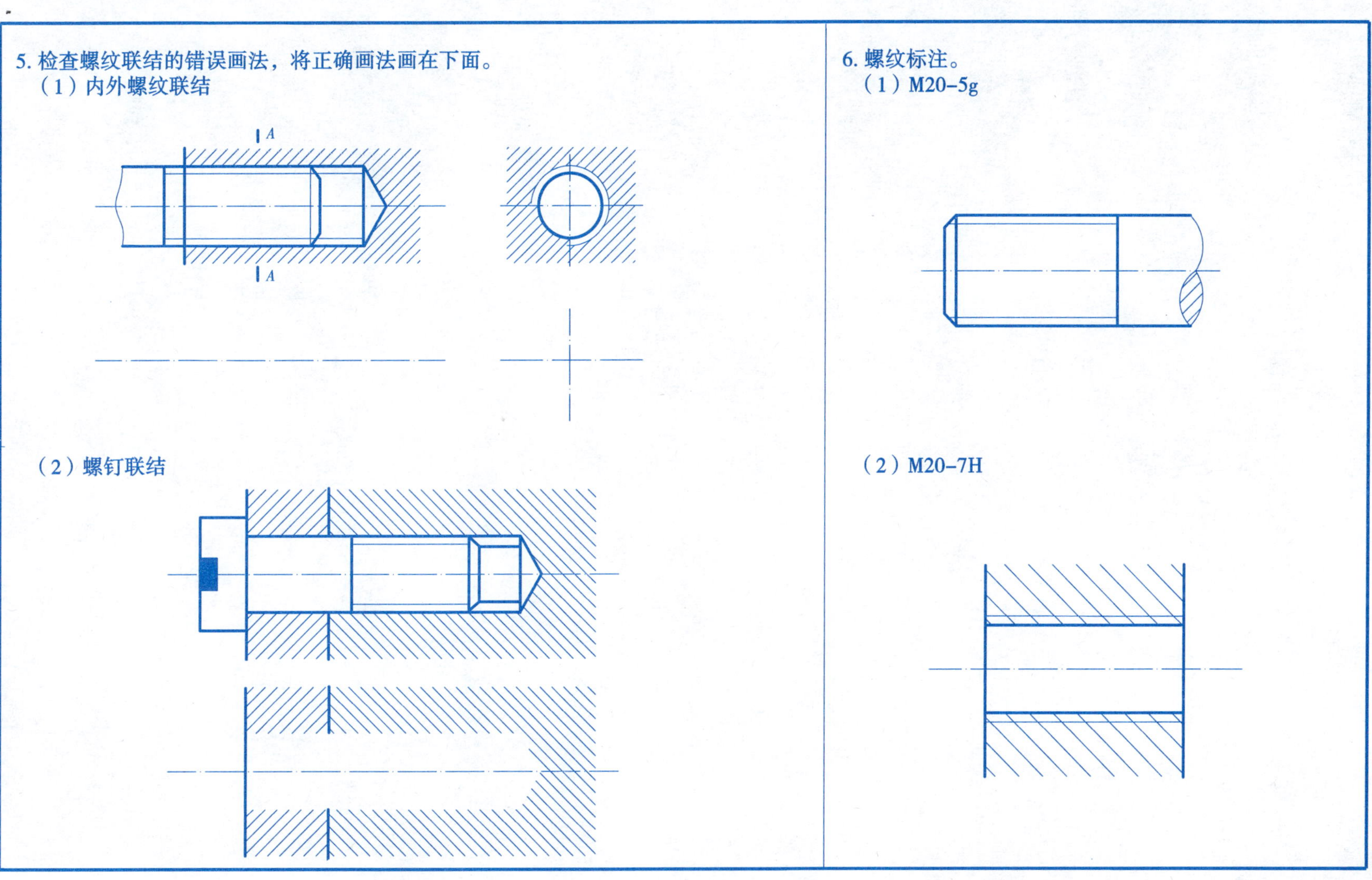

班级　　　　姓名　　　　学号

8-4　解释螺纹标记含义。

（1）M10-6H：（　　　　）螺纹，公称直径为（　　　　）mm，螺距为（　　　　）mm，（　　　　）旋螺纹，（　　　　）径和（　　　　）径的公差带代号相同为（　　　　），旋合长度为（　　　　）。

（2）M10X1左-5H-S:（　　　　）螺纹，公称直径为（　　　　）mm，螺距为（　　　　）mm，（　　　　）旋螺纹，（　　　　）径和（　　　　）径的公差带代号相同为（　　　　），旋合长度为（　　　　）。

（3）M20-6g：（　　　　）螺纹，公称直径为（　　　　）mm，螺距为（　　　　）mm，（　　　　）旋螺纹，（　　　　）径和（　　　　）径的公差带代号相同为（　　　　），旋合长度为（　　　　）。

（4）M16X1.5-7g6g-L：（　　　　）螺纹，公称直径为（　　　　）mm，螺距为（　　　　）mm，（　　　　）旋螺纹，中径公差带代号为（　　　　），顶径公差带代号为（　　　　），旋合长度为（　　　　）。

（5）Tr32X12（P6）LH-8H-L：（　　　　）螺纹，公称直径为（　　　　）mm，（　　　　）为12 mm，（　　　　）为6 mm，（　　　　）线，（　　　　）旋螺纹，（　　　　）公差带代号为8H，旋合长度为（　　　　）。

（6）G2：（　　　　）螺纹，（　　　　）代号为2，（　　　　）旋螺纹。

（7）G2A-LH：（　　　　）螺纹，（　　　　）代号为2，（　　　　）为A级，（　　　　）旋螺纹。

班级　　　　姓名　　　　学号

8-5　完成齿轮及齿轮啮合投影。

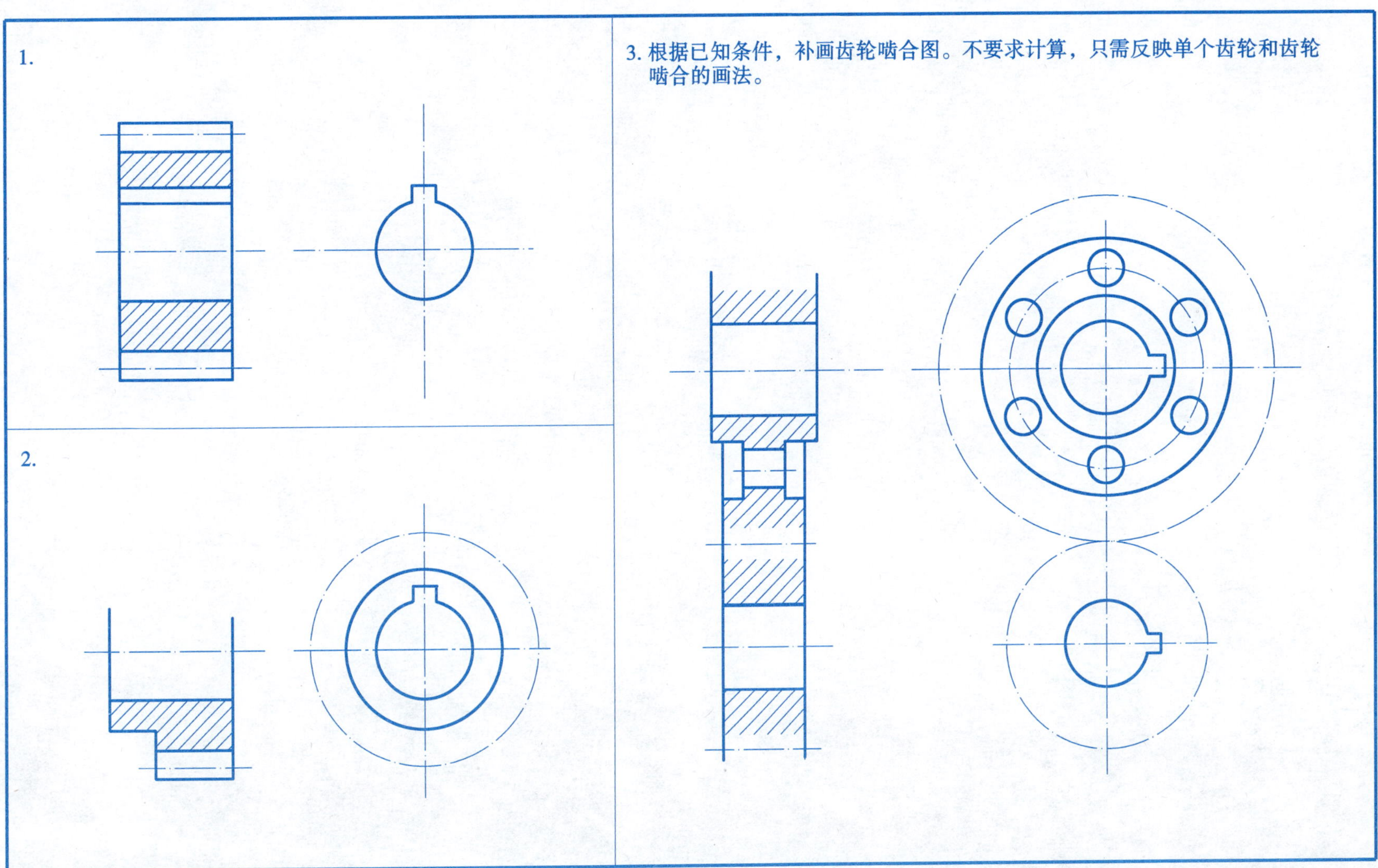

班级　　　　姓名　　　　学号

8-5　读主轴零件图并完成后面各题。

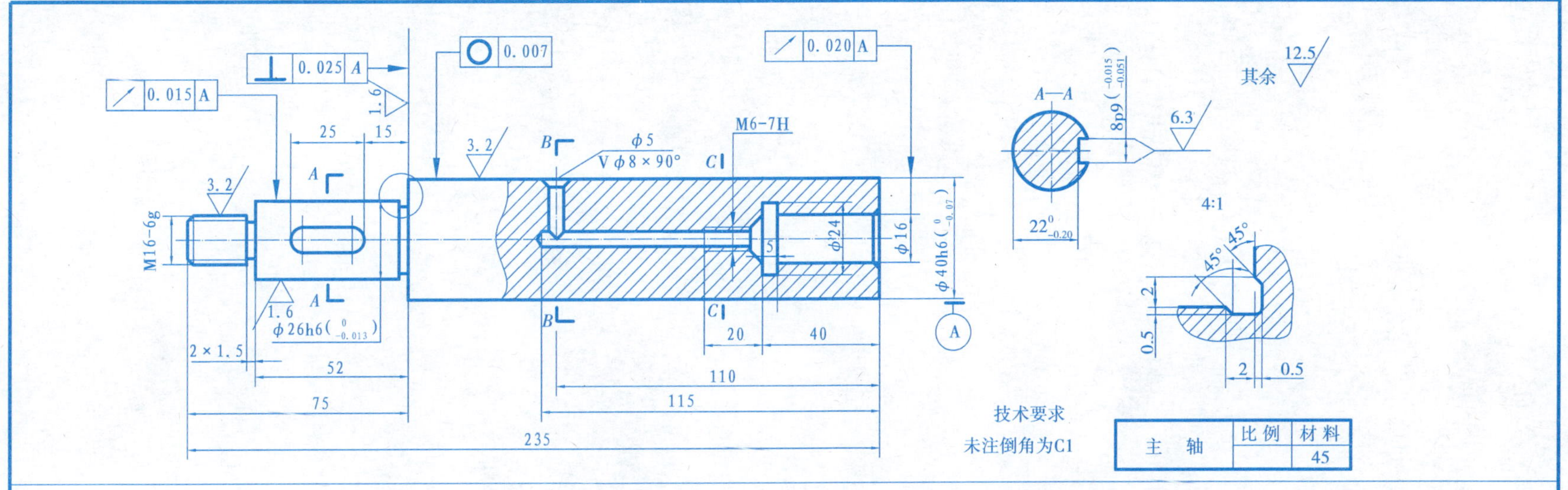

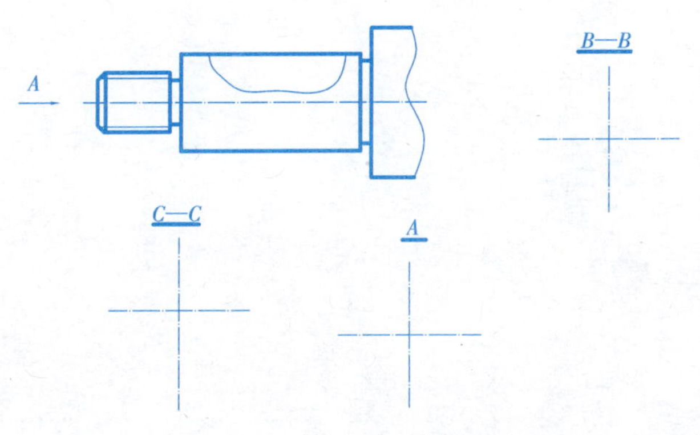

回答问题

1.图中带有公差尺寸的是＿＿＿＿＿＿＿＿＿＿＿＿＿＿＿＿＿＿。

2.哪一个尺寸的公差值最大和最小？

3.解释M16-6g的含义：＿＿＿＿＿＿＿＿＿＿＿＿＿＿＿＿＿＿。

4.图中有几处形位公差代号，解释每一代号的含义。尺寸2×1.5表示什么含义？

5.为什么尺寸ϕ26h6的外表面质量要求要高？

6.键槽的定形尺寸有几个？在左边的局部视图中用另一种表达方式表达键槽形状。

7.画出A向视图、B—B和C—C移出断面图。

班级　　　　姓名　　　　学号

8-5 读柱塞泵泵体零件图并完成作业。

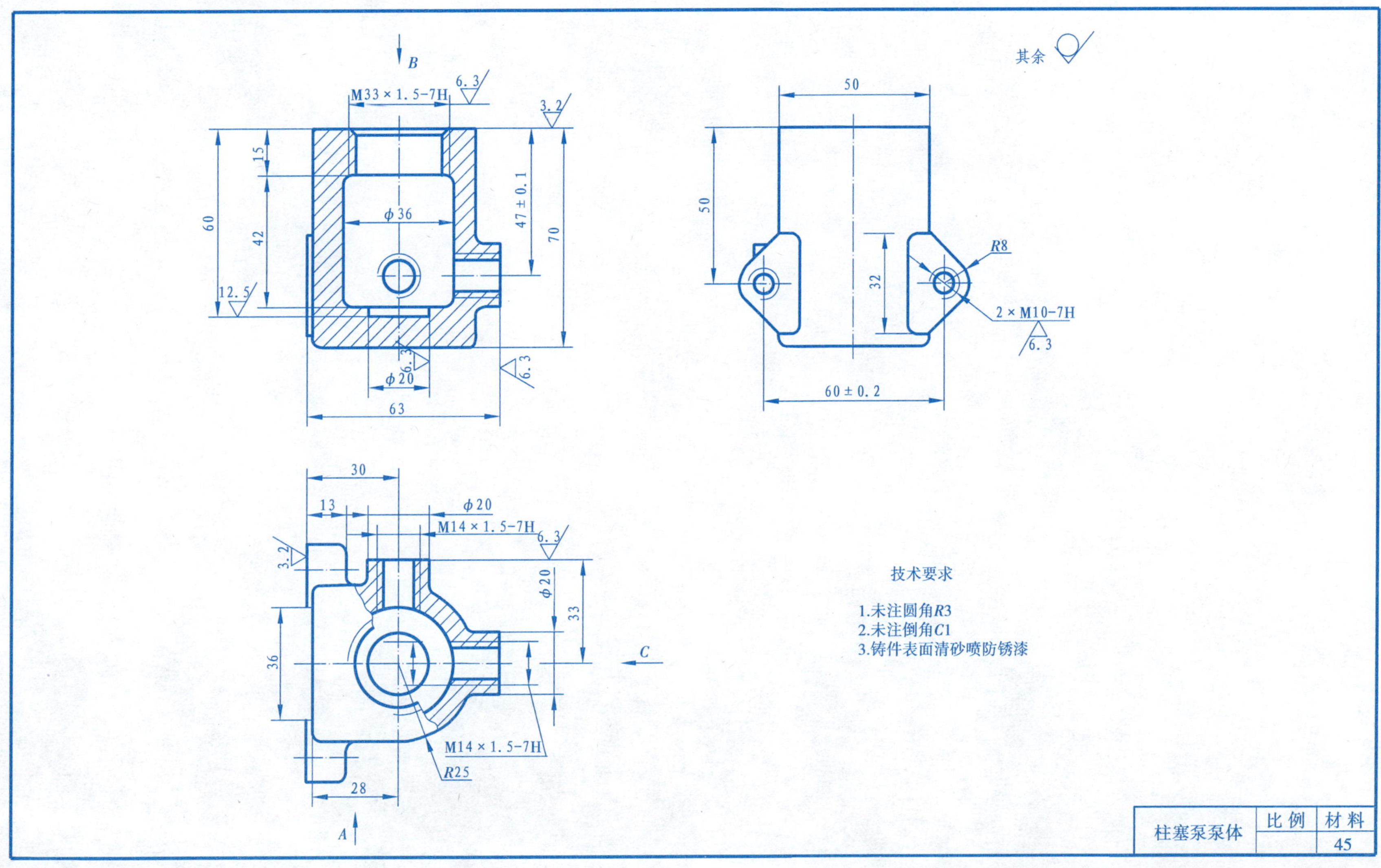

班级　　姓名　　学号

8-5　读柱塞泵泵体零件图并回答问题。

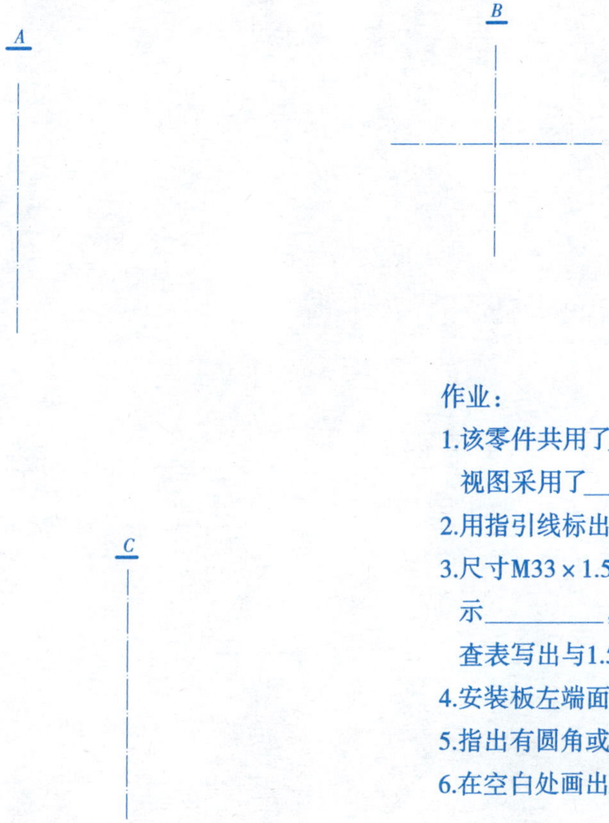

A

B

C

作业：

1.该零件共用了____________个基本视图，主视图采用了____________，俯视图采用了__________，左视图为__________。

2.用指引线标出长、宽、高三个方向的尺寸基准。

3.尺寸M33×1.5-7H中，M表示__________，33表示__________，1.5表示__________，7H表示__________。

查表写出与1.5数据同类参数的还有________________________。

4.安装板左端面和进、出油口的端面粗糙度分别为______________。

5.指出有圆角或倒角而又未注圆角或倒角尺寸的具体部位。

6.在空白处画出*A*、*B*、*C*向视图，尺寸直接在原图量取。

班级　　　　姓名　　　　学号

8-6 读夹线体装配图并完成作业。

B—B

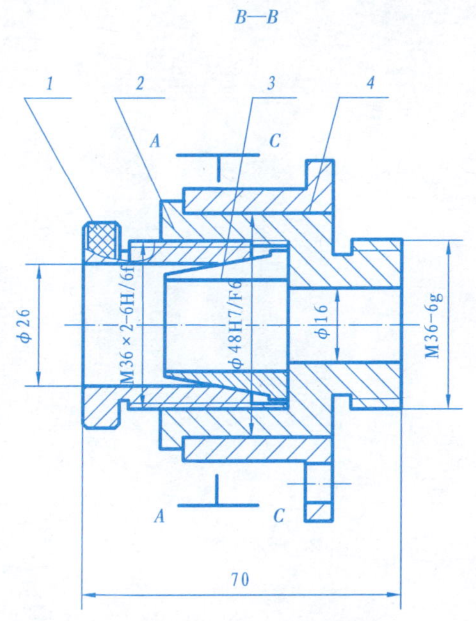

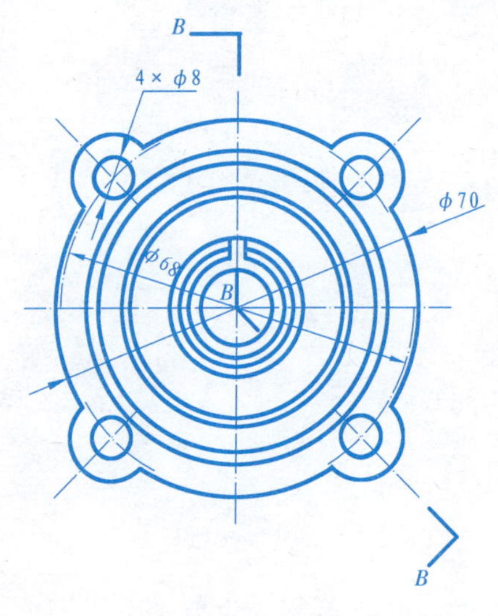

工作原理：

夹线体将线穿入衬套3中，然后旋转手动压套1，通过螺纹M36×2使手动向右移动，沿着锥面接触使衬套3向中心收缩（因在衬套上开有槽）从而夹紧线体，当衬套夹住线后，还可以与手动压套1、夹套2一起在盘座4的φ48 mm孔中旋转。

作业：

在后面空白页拆画1—4号零件图，尺寸直接在图上量取。

序号	零件名称	数量	材料	备注
4	盘座	1	45	
3	衬套	1	Q235-A	
2	夹套	1	Q235-A	
1	手动压套	1	Q235-A	

考生姓名		题号	
性别		比例	1:1
身份证号码		夹线体	
准考证号码			

班级 姓名 学号

8-6　读夹线体装配图并完成作业。

班级　　　　姓名　　　　学号

8-7 读轴承装配图并完成作业。

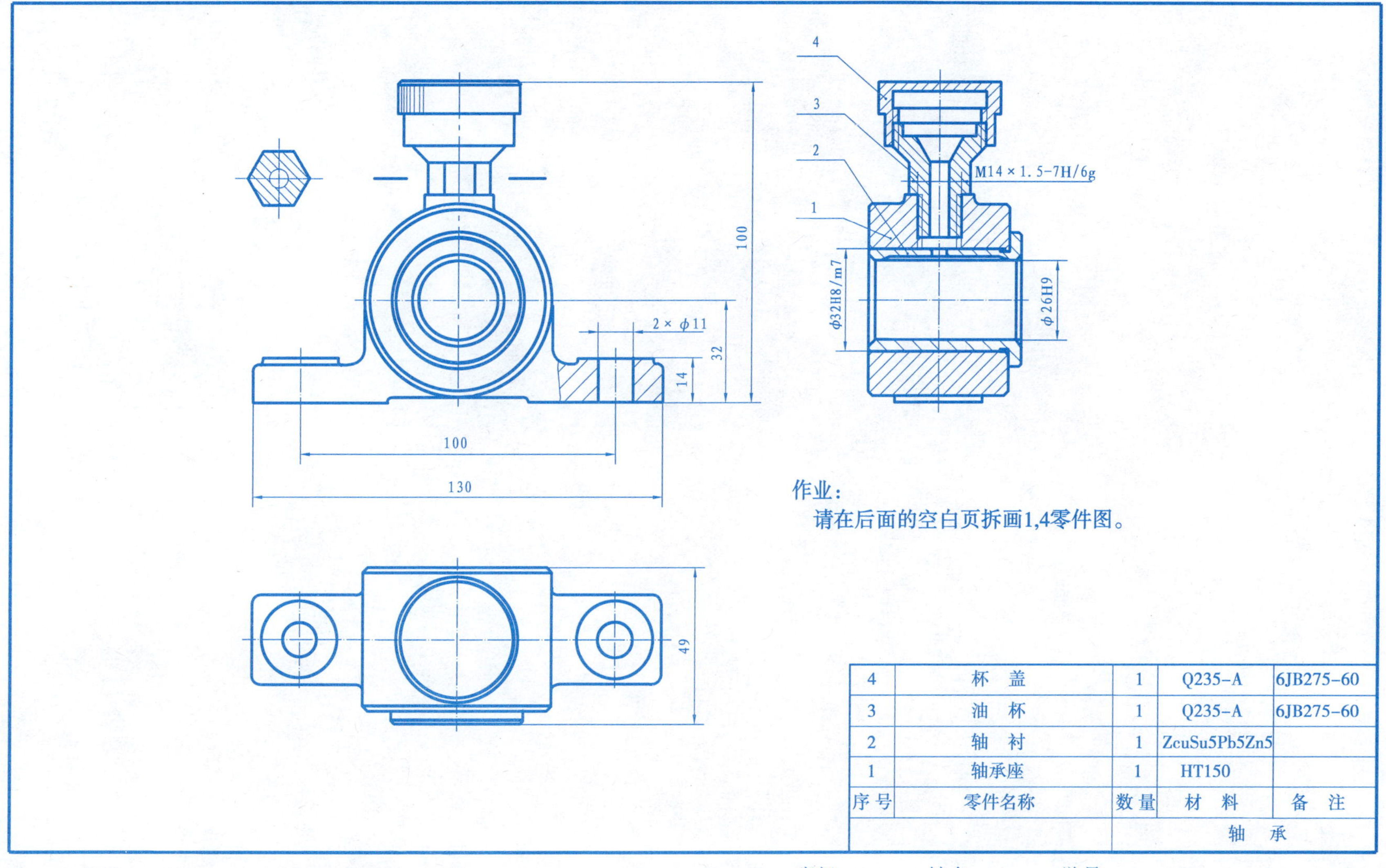

作业：

请在后面的空白页拆画1,4零件图。

序号	零件名称	数量	材料	备注
4	杯盖	1	Q235-A	6JB275-60
3	油杯	1	Q235-A	6JB275-60
2	轴衬	1	ZcuSu5Pb5Zn5	
1	轴承座	1	HT150	
		轴承		

班级　　　　姓名　　　　学号

8-7　读轴承装配图并完成作业。

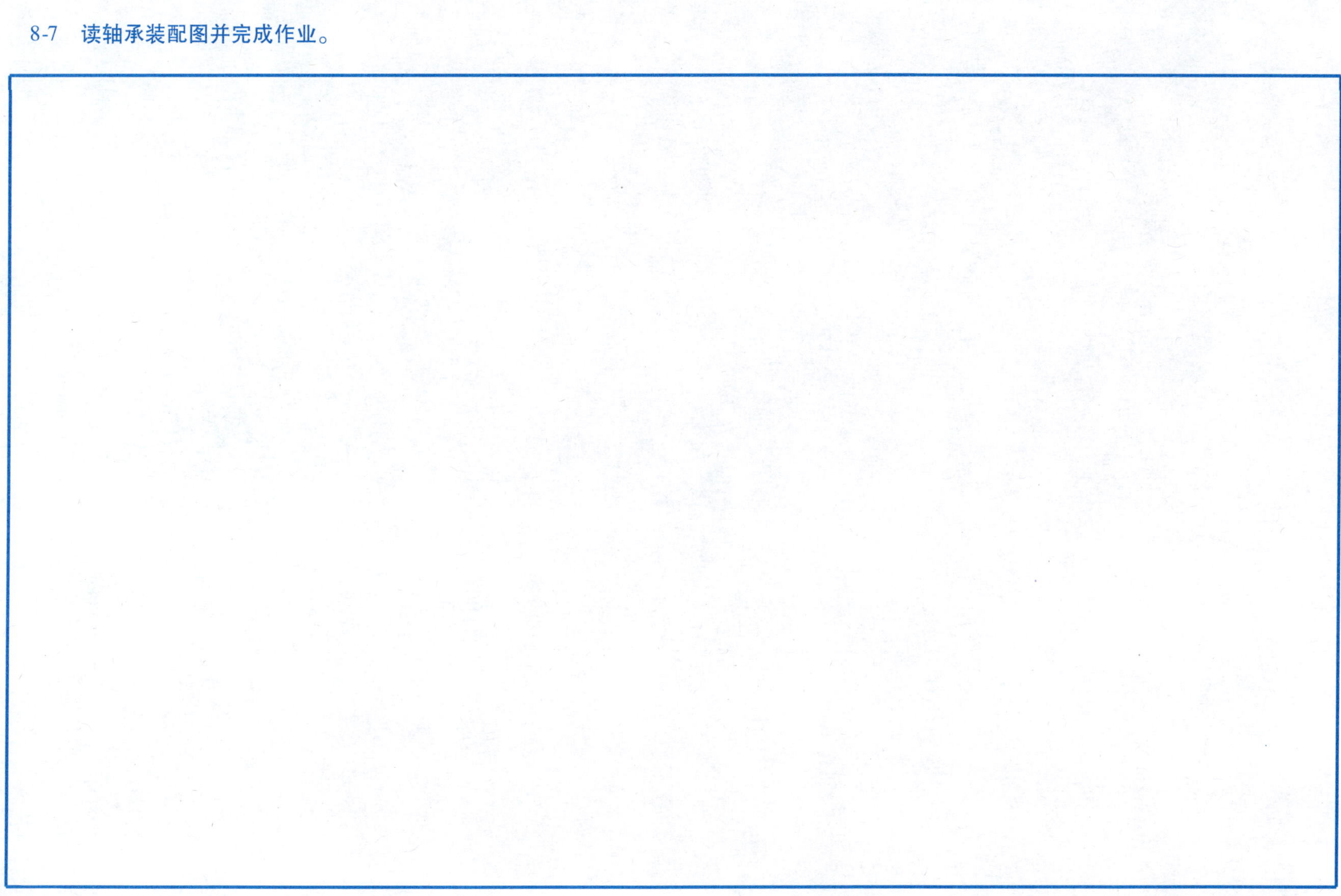

班级　　　　姓名　　　　学号

8-8　读定位器装配图并完成作业。

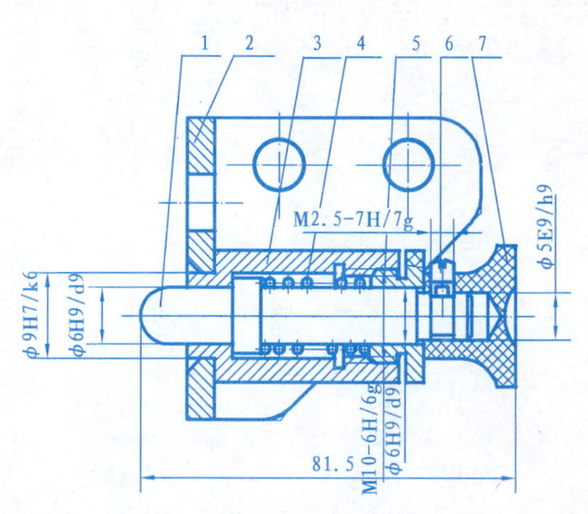

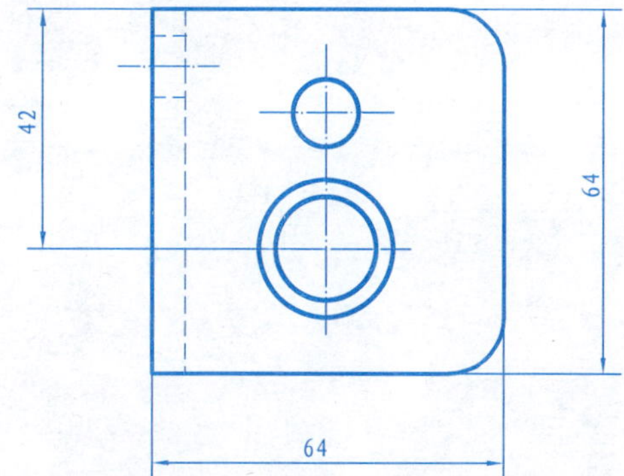

工作原理：

定位器安装在仪器的机箱内壁上。工作时，定位轴1的一端插入被固定零件的孔中，当该零件需要变换位置时，应拉动把手7将定位器从该零件的孔中拉出。松开把手后，压簧4使定位器恢复原位。

作业：

在后面的空白页拆画1,3号零件图。

序号	名称	数量	材料	备注
7	把　手	1	塑　料	
6	紧定螺钉M2.5×4	1	Q235	QB/T75—1985
5	盖	1	15	
4	弹　簧	1	50	
3	套　筒	1	45	
2	支　架	1	35	
1	定位轴	1	45	

定位器			比例	
			2:1	
姓名		学号		
审核				

班级　　　　姓名　　　　学号

8-8　读定位器装配图并完成作业。

班级　　　　姓名　　　　学号